化学非连续性文本的课堂教学

李 宁 著

中国海洋大学出版社
·青岛·

图书在版编目(CIP)数据

化学非连续性文本的课堂教学 / 李宁著 . —青岛:中国海洋大学出版社, 2020. 9

ISBN 978-7-5670-2585-1

Ⅰ. ①化… Ⅱ. ①李… Ⅲ. ①中学化学课—教学研究—高中 Ⅳ. ① G633. 82

中国版本图书馆 CIP 数据核字(2020)第 183298 号

出版发行	中国海洋大学出版社		
社　　址	青岛市香港东路 23 号	邮政编码	266071
出 版 人	杨立敏		
网　　址	http://pub.ouc.edu.cn		
电子信箱	1922305382@qq.com		
订购电话	0532-82032573(传真)		
责任编辑	邵成军	电　　话	0532-85902533
印　　制	日照日报印务中心		
版　　次	2020 年 9 月第 1 版		
印　　次	2020 年 9 月第 1 次印刷		
成品尺寸	170 mm ×230 mm		
印　　张	9. 5		
字　　数	168 千		
印　　数	1—1 000		
定　　价	45. 00 元		

序言

PREFACE

非连续性文本是指形式上间断、意义上相关或者相连的不同类型符号的组合材料。图表类非连续性文本是高中化学重要的文本形式之一,具有简明、多样和间断的呈现形式与关联性、学科性和综合性的特点。

2009年的"国际学生评价项目"(Program for International Student Assessment,简称PISA)测试反映出我国中学生在非连续性文本阅读方面能力的不足,引发了我国教育工作者的重视。此后,《义务教育语文课程标准》(2011年版)和《普通高中化学课程标准》(2017年版)都明确提出了非连续性文本或者图表认知能力的培养要求。与此相对应的是,化学教材和高考试题中图表类非连续性文本明显增多,化学学科三重表征的特点对中学生在非连续性文本方面的阅读能力也提出了更高的要求。因此,开展高中化学图表类非连续性文本的课堂教学研究具有重要的意义。

本书是2018年度山东省教育教学研究重点课题"高中化学图表类非连续性文本的课堂教学研究"(课题批准号:2018JXZ1024)的重要成果。本成果包括理论和实践两部分。

理论方面,本书对高中化学图表类非连续性文本、图表类非连续性文本信息能力等核心概念进行了界定,对高中化学图表类非连续性文本的特征进行了归纳,基于相关的认知理论分析了影响高中生图表类非连续性文本信息能力的主要因素,以期提升教师的理论水平。

实践方面,笔者通过问卷调查、学生访谈、教师访谈等形式了解学生对化学图表类非连续性文本的认知基础。通过前后阶段性检测数据的对比研究,笔者了解了学生在图表类非连续性文本认知能力上的评价成绩，从而对学生非连续性文本的整体认知能力水平进行分析，验证了本研究对提升学生非连续性文本认知能力的有效性。

本书从教学资源、教学手段的应用和课堂教学设计等方面研究了提升非连续性文本教学有效性的策略。在课堂教学设计中，根据不同模块的教学内容，本书针对图表类非连续性文本的科学应用和认知能力的提升提出了不同的课堂教学策略。本书力图充分利用图表类非连续性文本的关联功能、解释功能和指导功能来培养学生的思考能力和探究能力，提出了加强获取信息、转换信息能力的训练方式，总结了高中化学常见的图表类思维模型，设计了相应的课堂教学的典型案例。

本书同时关注到合理使用和开发教学资源、教学手段对提升图表类非连续性文本认知能力的作用。针对如何加强教材图表提示指导语的应用问题，笔者提出了教师设计和使用指导语应遵循的三位一体原则，总结了“问题式”启发的方法，提出了教材中需要增加非连续性文本的建议；总结了利用教材内容实施非连续性文本与连续性文本转换训练的方法，列举了相应案例；研究了教师应用和开发纲型、线型、网型、表型板书的方法及其对学生化学学习的提升作用。

本书提供的高中化学非连续性文本的实证数据有助于引起化学教育工作者对相关教学内容的重视，加深对化学学科课程性质的思考。本书致力于探索提高学生非连续性文本认知能力的有效策略，给出高中化学教学的合理建议，设计典型的教学案例，帮助一线教师积累教学资源，提高课堂教学质量。

目 录

CONTENTS

第1章

绪　论

第1节　高中化学图表类非连续性文本的课堂教学研究缘起

2009年，上海的学生参加了由经济合作与发展组织组织的PISA。结果显示，首次参加PISA的中国15岁在校生表现出色，阅读素养等的平均成绩在参加测试的65个国家和地区中排在首位，并且在许多指标上都占有优势。这引发了全社会对学生阅读素养的关注、审视和思考。

然而，在PISA测试高分的背后也存在着一些不足。测试结果反映出上海学生比较善于阅读连续性文本，但不太会读图表类非连续性文本。学生在非连续性文本（图形、表格、清单等）分量表与连续性文本（小说、散文）分量表中的成绩差异高达25分，是参与国家和地区中差异最大的。这说明上海的学生在不同形式文本的阅读能力的发展方面存在明显的不平衡。在学习策略运用中，学生概括、理解和记忆策略能力接近或高于经济合作与发展组织平均值，但自我调控策略能力低于平均值。这说明学生缺乏汲取大量信息资源的能力，还不善于自己选择、判断、反思阅读材料的重点和难点。

PISA 2009对学生非连续性文本阅读能力的考查结果令我们深受启发。除此之外，新课改对图表类非连续性文本阅读能力的要求也越来越明确、清晰。《义务教育语文课程标准》（2011年版）首次提出“非连续性文本阅读”要求。第3学段明确提出“阅读简单的非连续性文本，能从图文等组合材料中找出有价值的信息”的阅读教学目标；第4学段提到“阅读由多种材料组合、较为复杂的非连续性文本，能领会文本的意思，得出有意义的结论”。语文课程标准首次提到非连续性文本阅读是有其时代背景的：当代学校教育关注学生是否具备未来生活所需的知识与技能，并帮助学生为终身学习奠定良好的基础。

具体到化学学科，虽然到目前为止在相关政策文件中尚没有明确提出非连续性文本方面的要求，但是《普通高中化学课程标准》(2017年版)要求培养学生在化学学习中，通过对实物、模型、图形、图表以及化学现象的观察，获取一定的感性认知，并进一步整理和加工，有序存储，在分析和解决问题时能对实物、模型、图形、图表等方式的表达做出解释。这其实就是对于化学非连续性文本阅读中获取信息、处理信息、评价信息的能力要求。所以，不仅在语文学科上存在对学生非连续性文本认知能力的培养要求，在化学学科上同样也需要加强这方面的训练。

另外，新高考对图表类非连续性文本阅读能力提出了更高的要求。纵观近几年的高考，以图表形式为载体的题目越来越多。据统计，2017年全国卷Ⅰ理综化学学科部分，试卷Ⅰ中3个图表，试卷Ⅱ中6个图表；2017年全国卷Ⅱ理综化学学科部分，试卷Ⅰ中3个图表，试卷Ⅱ中7个图表；2017年全国卷Ⅲ理综化学学科部分，试卷Ⅰ中3个图表，试卷Ⅱ中6个图表。知识点覆盖实验、元素周期表、电化学、电解质溶液、晶体结构、反应原理等方面。在《2018年普通高等学校招生全国统一考试大纲(理科)》中，以下两方面都有明确的与非连续性文本有关的化学学习能力的要求：① 接受、吸收、整合化学信息的能力；② 分析和解决化学问题的能力，即对于分析和解决问题的过程及结果，能正确地运用化学术语及文字、图表、模型、图形等进行表达，并做出合理的解释。

与高考中对图表类非连续性文本阅读能力要求相一致的是，教材中对图表类非连续性文本的关注和呈现也明显增多。分析2007年的新版教材，不同的版本中，对非连续性文本的呈现数量虽然不同，但是与旧版相比，数量都大大增加。人教版中学化学教材共10册，有插图1 211个。苏教版必修1、必修2中表格有52个，彩图有181个。鲁教版必修1和必修2中表格有16个，彩图有259个。这些图表既是对教材内容的形象化解释和直观性概括，也是对文字的补充和延伸。在教学中，教师应研究如何开发和利用好这些素材，发挥这些非连续性文本的教育功能。

最后，化学学科的三重表征思维方式对图表类非连续性文本阅读能力也提出了越来越高的要求。化学是一门研究物质组成、结构、性质和变化规律的自然学科。化学学科特点决定了在学习过程中，学习者需要对物质进行宏观表征、微观表征和符号表征三方面的感知，并且建立三者间的联系。这是化学学科不同于其他学科的最典型的思维方式。从宏观、微观和符号三种表征方面来学习化学，能增进学生对化学知识的认识和理解。

但是，这三种表征形式对非连续性文本的阅读能力也提出了更高的要求。无论哪一种表征，都离不开非连续性文本的表达。物质的性质、用途、实验装置等宏观方面用图片表示会更清晰、形象。微观领域主要是指物质的组成、结构、反应机理等。微观结构的特点、数量特征以及空间分布特征，在图表的帮助下，更有利于帮助学生在头脑中形成一系列多重感知，最终形成理性认识。化学符号系统具有特定的语言和语法规则，是化学学科最基本的进行思维和交流的工具。非连续性文本对化学符号的表示，有助于学生巩固、加深对化学知识的理解和记忆，帮助学生强化用化学的方法来思考和解决问题的能力。纵观以上分析不难发现，开展高中化学图表类非连续性文本的课堂教学研究具有重要的理论意义和实践价值。

第2节 高中化学图表类非连续性文本的课堂教学研究价值

本研究自课题立项以来，在实践方面进行了积极的探索和扎实的推进，在理论方面进行了及时的总结和有效的提升。

一、高中化学图表类非连续性文本的课堂教学研究意义

1. 理论意义

第一，本研究界定了图表类非连续性文本、图表类非连续性文本信息能力的定义，概括了高中化学图表类非连续性文本的特点，探讨了高中化学图表类非连续性文本的分类问题，研究了高中化学图表类非连续性文本认知的影响因素，充实了高中化学非连续性文本的理论。

第二，本研究促进了教师对高中化学课程资源建设和化学学科课程性质的再思考。本研究将非连续性文本与化学课程资源联系起来，有助于教师和学生加深对化学学科课程性质的思考，体验化学学科微观、宏观和符号的三重表征。学生只有将对非连续性文本的认知发展到学以致用，才会加深对非连续性文本的理解，认识到化学学习与自己生活的联系及其作用。当这种运用达到一种自动化程度并产生良好的效果时，化学的课程功能方能发挥得最好。

第三，本研究完善了高中化学非连续性文本的教学策略。通过对山东省青岛第十六中学师生在高中化学图表类非连续性文本方面的认知现状的调研，笔

者力图了解目前存在的问题，并进行了原因分析。在此基础上，本研究对高中化学图表类非连续性文本的教学素材使用方法给出了建议，将非连续性文本教学有机融进化学课堂，以改善高中化学的课堂教学质量，丰富高中化学课堂教学策略。

2. 实践意义

本研究在理论研究的基础上从两方面着手进行了实践：一方面，合理利用和发挥不同教学资源和教学手段的作用；另一方面，合理设计基于不同模块的化学课堂教学，总结出提升高中图表类非连续性文本教学有效性的策略和方法。

第一，成果有助于教师的化学非连续性文本方面的“教”。从主观方面，本研究提供了高中化学非连续性文本教与学的实证数据，有助于引起教师的重视。目前，在时间有限的课堂里，教师往往提炼自己的间接经验并将插图的知识信息直接呈现给学生；还有的教师直接忽略插图这一教学资源，甚至还有部分教师直接忽略教材。本研究提供的高中化学非连续性文本的实证数据有助于引起教师对相关教学内容的重视，加深对化学学科课程性质的思考。另外，本研究致力于探索提高学生非连续性文本认知能力的有效策略，给出高中化学教学的合理建议，提高课堂教学质量，提升教师教学能力。

第二，成果有助于学生的化学非连续性文本方面的“学”。本研究对学生学习的促进作用体现在两方面。一方面，本研究有利于提高学生非连续性文本阅读能力。非连续性文本能培养学生的文本理解能力、阅读反思能力和运用能力，使学生在生活中有能力运用所学。掌握了阅读非连续性文本的技巧，学生可在具体的生活情景里收集处理所需信息。这符合时代的发展诉求，适应社会生活的需要。另一方面，本研究希望通过对非连续性文本的认知训练，不仅培养学生收集处理信息的能力、理解与归类信息的能力和反思评价信息的能力，而且努力将新课标理念落实到课堂教学、学生评价和学生的实际操作技能上，真正解决学生处理非连续性文本试题信息时遇到的困难，提升其非连续性文本阅读能力。这也符合高考的选拔要求。

第三，成果有助于利用、补充、开发高中化学的教学资源。本研究把如何有效开发利用非连续性文本教学资源、如何运用多种教学策略加强课堂教学作为关注重点，设计对应的典型教学案例，尽可能形成相关的资料库，帮助一线教师积累教学资源，以期给予一线教师一些实践层面的启发。

二、高中化学图表类非连续性文本的课堂教学研究的创新点

本研究成果的创新主要有两点。

首先，本研究关注到开发教学资源和合理使用教学手段对提升图表类非连续性文本认知能力的作用。针对非连续性文本较为集中的化学教材和化学课堂板书，本研究在指导语的设计和使用方面提出了三位一体原则和可操作的“问题式”方法。对于教材使用的问题，本研究提出了教材中需要增加非连续性文本的建议，列举了相应案例，总结了利用教材实施非连续性文本与连续性文本转换训练的方法；本研究还总结了教师开发和应用纲型、线型、网型、表型板书的方法以及有关方法对学生化学学习的提升作用。

其次，成果充分发挥课堂教学设计中非连续性文本资源的作用，分别从元素化合物和有机物教学、理论知识教学以及习题训练教学三方面，提出了针对不同化学模块内容的非连续性文本的教学策略，包括深度学习理念指导下如何利用生活情境加强元素化合物和有机物的教学、大概念视域下如何加强非连续性文本在理论知识教学方面的应用和如何加强图表类非连续性文本习题的训练。课题充分发挥图表类非连续性文本的关联功能、解释功能、指导功能培养学生的思考能力和探究能力，提出了加强信息获取能力、信息转换能力的训练方式，总结了高中化学常见的图表类思维模型，并设计了相应的课堂教学的典型案例。

本研究成果在实践应用中产生了较好的效果。阶段性检测评价的比对数据显示，学生的图表类非连续性文本认知能力在本课题实施中呈良性发展，验证了本研究对提升学生非连续性文本认知能力的有效性。

第3节 高中化学图表类非连续性文本的课堂教学研究现状

高中化学图表类非连续性文本的课堂教学研究现状如何？有哪些教学策略和教学方法？笔者对该课题进行了系统的文献检索研究，试述如下。

一、国外非连续性文本的研究现状

1. 国外对PISA项目非连续性文本测试结果的研究

国外关于非连续性文本的专门研究主要集中在PISA项目组织及其测试结果方面。多个国家的学者都做了相应的研究工作，基本上都是从测试结果出发，探讨本国教育政策或者教学方法的改进。PISA测试从文本格式的角度对文本进行分类，在2000—2006年的三次测试中将文本分为连续性文本和非连续性文本两类，并且对非连续性文本下了定义：“非连续性文本由不连续的文本组织而成，如列表、表格、图表、时间表、指数表等。”2009年，PISA测试增加了混合文本和多重文本两种文本格式，并且首次提出“非连续性文本阅读能力”这一概念。非连续性文本阅读能力，不是一般的读写能力，而是一种信息素养，即获取信息、分析信息、评价信息、综合信息和表达信息的能力，以及个人独立思考的能力。

2. 国外有关非连续性文本的理论和实践研究

Larki 和 Simon（1987）对不同信息的呈现方式进行了研究，通过文字和图像这两种文本信息的对比来阐述应用非连续性文本的优点。研究指出，在连续性文本信息的呈现形式中，每个字代表一个信息，连接起来才是句子，还需要进一步分析。而图像呈现形式中，一个图像直接呈现一个信息，图中的关系很容易看出来。两者最核心的不同之处在于，图像呈现会清晰地把文字内容进行说明和表达，并且可以直观显示出图中不同成分之间的关系，然而句子不能达到这种效果。

此外，国外关于非连续性文本的研究大都围绕非连续性文本的阅读方式或者策略展开。Tatay 等（2011）首先阐述了连续性文本和非连续性文本的定义和特点，并且指出了非连续性文本在结构和功能上与连续性文本的区别。读者在阅读时会运用不同的阅读策略进行信息提取和处理。作者在文中列举了典型的非连续性文本的阅读材料及问题设计，呈现了非连续性文本的特殊阅读策略。

日本学者在这方面也进行了研究。中村光伴（2009）提出并研究了图表先行型和正文先行型阅读模式，对连续性文本和非连续性文本下了定义，从眼球运动三项指标的角度对信息读取方式的影响因素进行了研究：开始阅读 NCT（非接触式眼压计）注视时间比例、主体阅读结束时间、阅读结束 NCT 注视时间比例。该学者在理解度测试结果方面进行了比对。结果显示，因为具有不同的工作记忆容量，读者对连续性文本和非连续性文本组成的说明文的读法是不同的。这些读法之间存在着联系并且具有可变性。

3. 国外对非连续性文本教学的研究

比起非连续性文本的理论和实践研究，国外对非连续性文本教学的研究起步更晚，成果更少。但是针对非连续性文本类型的教材插图，国外学者已经开展了具体的教学实验，总结出了具体实施步骤。Francis 和 Dwyer（2015）做了大量的实验验证教材插图的作用；Francis 和 Dwyer（2015）、Mayer 和 Moreno（2003）从不同的角度对教材插图进行了分类；Pauk（1974）提出了阅读插图的具体步骤：看插图标题→看画面描述→看全部说明和标志→粗略浏览插图，总结信息→细看插图的各个部分，清查每一个细节，理清它与知识的联系→梳理看插图的原因和目的→整合获得的信息→思考并发散。Schleicher（2017）

通过对 PISA 成绩的研究分析了过去十年中一些国家是如何提升学习效果的，强调了这些国家的政策和做法。

二、国内非连续性文本的研究现状

国内关于非连续性文本的研究主要集中在教育界。2009 年 PISA 测试中关于非连续性文本阅读能力的考查引发了国内教师对非连续性文本阅读能力培养的关注。《义务教育语文课程标准》(2011 年版)提到了关于非连续性文本的能力要求，这拉开了教育界非连续性文本阅读研究的序幕。从此，在语文学科的带动下，其他学科陆续投入对非连续性文本的相关研究。

目前，非连续性文本的研究成果以期刊论文和硕博论文为主，专著方面尚属空白。2018 年 3 月，笔者在中国知网中以“非连续性文本”为关键词对期刊文献进行搜索，只有 123 条结果，最早的一篇出现于 2012 年；以“非连续性文本”为关键词对硕博论文进行搜索，只有 36 条结果，最早的一篇出现于 2013 年。但是，研究成果总体上呈现逐渐增加的趋势(见表 1-1)。

表 1-1　非连续性文本研究文献数量统计表

发表年度	2017	2016	2015	2014	2013	2012	2011 前
期刊论文篇数	30	23	27	13	19	11	0
硕博论文篇数	8	9	12	5	2	0	0
合计	38	32	39	18	21	11	0

近几年，我国关于非连续性文本阅读教学的研究，主要集中在理论和实践两方面。

1. 国内对非连续性文本的理论研究

在非连续性文本的概念界定方面，巢宗祺(2012)指出：“所谓非连续性文本，是相对于以句子和段落组成的连续性文本而言的阅读材料，多以统计、图表、图画等形式呈现。”杨园(2017)是这样解释非连续性文本的：“非连续性文本是指形式上不连续，但意义上相连或者相关的图表、图文或文段组合等材料。它是相对于具有句群组成、语意连贯、结构完整、逻辑清晰等特点的连续性文本而言的，从形式上看，突破了线性文本仅以文字为符号的单一形式，新加入的表格、图画等元素呈块状分布；但从内容上看，各元素共同表达了完整意义，能给读者提供完整信息。”

PISA 测试从文本格式的角度对文本进行了分类，将文本分成连续性文本、非连续性文本、混合文本和多重文本等多种格式。大部分研究者对非连续性文本的定义，都参照PISA项目和课标对非连续性文本的解释。张年东和荣维东(2013)将非连续性文本分为图文结合和不同纯文本组合两种类型。

在研究非连续性文本的特征方面，研究者主要是与传统的连续性文本来做比对，但做出系统归纳的不多。王思瑶(2018)将非连续性文本的特征概括为直观性、非连续性、概括性、实用性、客观性和情境性。在这方面进行研究的还有陆志平(2013)、刘冬岩(2012)等。概括以上研究，可知非连续性文本具有直观、简明、容量大、概括性强、间断性明显等特点。

2. 国内非连续性文本的实践研究

国内对非连续性文本实践方面的研究，大都集中在教学策略和教学模式方面，其研究趋势呈现学科化、教学化、系统化特点。

周洪涛(2017)提出从激发学生阅读兴趣、应用非连续性文本阅读方法和加强阅读教学中连续性与非连续性的有效转化三方面进行研究，进而推动语文教学质量的提高。徐静(2017)提出在非连续性文本阅读教学中采用“综合同构教学法”，认为教师应当紧扣关键性教学环节，实现主要知识点之间的多维同构，构建动态、生成的知识体系，进而促进学生融会贯通能力的提升。陆志平(2013)指出了非连续性文本的教学重点和教学要点，提出改变线性思维方式的重点在于理清信息关联，提取核心信息。罗刚淮(2014)从学用结合的角度提出课堂是阅读技能学习的主渠道，跨学科学习是阅读实践的试验田，校本文化资源是阅读实践和能力提升的舞台，生活世界是阅读运用的归宿。周新霞(2012)提出了将连续性文本阅读和非连续性文本阅读有机结合起来的方法：立体建构非连续性文本的阅读框架；整合其他学科资源，将数学等其他学科中的图表改编并引入语文课堂，重视非连续性文本在生活中的应用实践。

还有的研究者结合具体课例，探究了非连续性文本的阅读教学策略。涂剑(2017)基于对北师大版高一英语第1单元第1课的分析提出“四步法”：确立文本主题、提取文本内容、把握阅读方法、建构文本意义。相跃(2014)以北师大版《先锋英语》为例探究了“支架式”教学模式在小学英语非连续性文本阅读中的应用。

值得注意的是，在非连续性文本阅读教学的研究方面，与中考或者高考相关的内容占了不小的比重。借助于中考或者高考典例，教师们进行了命题意图、试题设计和解题规律方面的研究。冯渊(2013)、雍殷梅(2014)等以PISA阅读测试题和中高考非连续性文本阅读题为研究对象，剖析异同，探讨PISA试题对中高考试题设计的启示。江家华(2015)呈现了2011—2014年语文高考考查非连续性文本阅读的统计数据，提出以《义务教育语文课程标准》(2011年版)为教学纲领，以高考考查为教学途径，以整合资源为教学手段，以激发兴趣为教学法宝，以方法指导为教学宗旨，提升学生非连续性文本的阅读能力。另外，不少教师还提供了优秀教学案例。这说明一线教师正在努力地将应试教育与素质培养结合起来，有意识地用理论研究来指导实践工作。

三、国内外非连续性文本的研究现状分析

总结国内外对非连续性文本阅读教学的研究现状，可以发现在以下方面研究者们仍可大有作为。

从语文课标提出非连续性文本的概念开始，非连续性文本的理论研究方面开始有所突破。但是目前理论剖析还是不够深入、不够透彻。学术界对非连续性文本的含义没有给出明确的解释，导致目前对非连续性文本的分类标准尚不统一。教师缺乏与非连续性文本相关的教学素养。目前已经形成的一些理论，单薄且经不起推敲。有的理论研究甚至与教学实践脱节，缺乏实际应用价值。

在教学实践研究方面，各学科(项目)的研究不够均衡(见表1-2)。对非连续性文本的研究，绝大多数集中在语文学科，其余学科对非连续性文本研究得很少，化学学科在非连续性文本方面的研究很少，只有沈春英(2013)等进行了探索。化学的学科特点决定了化学图表类的非连续性文本的内容广泛，可以是反映生产原理、实验装置、化学概念、化学实验的数据及曲线图等，也可以是某种化学变化规律，如单质、氧化物、酸、碱、盐之间的相互转化规律、周期律。如何培养和提升学生非连续性文本的认知能力值得一线化学教师做深入的探究。

表1-2 非连续性文本在不同学科(项目)领域的研究数量统计表

学科(项目)	期刊论文篇数	百分比(%)	硕博论文篇数	百分比(%)
语文	106	83.46	32	82.05
PISA	5	3.94	3	7.69
英语	2	1.57	0	0.00
数学	2	1.57	0	0.00
信息	2	1.57	1	2.56

续表

学科(项目)	期刊论文篇数	百分比(%)	硕博论文篇数	百分比(%)
思想品德	2	1.57	0	0.00
生物	1	0.79	0	0.00
历史	1	0.79	0	0.00
地理	0	0.00	1	2.56
化学	0	0.00	1	2.56
综合	6	4.72	1	2.56
合计	127	100.00	39	100.00

在学段(项目)分布上,义务教育阶段的教学研究较多,合计占到所有学段的89.2%,非义务教育阶段的研究较少,高中学段只占8.1%(见表1-3)。这个可能与非连续性文本首先是从义务教育阶段的课标要求开始了相关研究工作有关。但是,加强高中学生的非连续性文本认知能力至关重要。从短期目标来看,高中学生面临着高考升学的任务,而从高考题的呈现方式上来看,七个选择题和五个填空题中,表格、图像、流程图、实验装置图等题目呈现逐年增长的趋势。看起来简洁明了的图表背后隐藏着大量的信息,如何有效地提取信息、利用信息,这成为了解题的关键。从长期目标来看,高中学段是学生关键而有特色的一个时期,是由基础教育走向高等教育或转向社会型继续教育的阶段。在这个时期中,学生品质的形成、情感的培养、各方面能力的提升突飞猛进。提升对作为学生从事学术研究、融入社会和生活的必备技能的非连续性文本的认知能力,使其满足高中学生成长成才的需求,具有不可或缺的必要性。

表1-3 非连续性文本在不同学段(项目)中的研究数量统计表

学段(项目)	期刊论文篇数	百分比(%)	硕博论文篇数	百分比(%)
小学	51	40.16	7	17.95
初中	35	27.56	23	58.97
高中	10	7.87	4	10.26
PISA	8	6.30	2	5.13
其他	23	18.11	3	7.69
合计	127	100.00	39	100.00

另外,在教学策略研究方面,有的研究存在这样一种现象:直接把教学策略

与答题技巧画上等号，将文本分成一道道语言应用题，缺少对文本本质意义的探寻。这种现象主要集中在期刊论文中，可能是受限于研究论文的篇幅所致。

综合以上对非连续性文本的研究，不难发现，目前国内外对非连续性文本的研究仍然较少，国内中学教育界对非连续性文本的研究时间较短，研究学科以语文为主，研究学段以初中和小学为主，侧重于非连续性文本阅读能力的研究，其他学科和学段的研究基本上是空白。高中化学学科中体现非连续性文本特征的图表较为常见，应立足于探讨此类型图表的认知问题，通过理论研究和实证研究，揭示学生对此类化学图表的认知水平及其影响因素，改进高中化学图表类非连续性文本的课堂教学策略。

由此可见，高中化学图表类非连续性文本的教学可在理论和实践、教学策略和课程建设等方面进行深入研究。通过以上分析，最终确定本研究的中心是提升高中化学图表类非连续性文本的课堂教学水平。

本研究流程分为5个阶段。第1阶段是基于文献综述和理论分析，探讨高中化学图表类非连续性文本的特点，概括高中化学图表类非连续性文本的分类，研究影响化学图表类非连续性文本认知的因素，充实高中化学非连续性文本的理论。

第2阶段是通过调查研究和数据分析，了解师生对高中化学图表类非连续性文本方面的认知现状，并进行整体水平分析，明确化学图表类非连续性文本教学的问题及其原因。

第3阶段是基于理论分析和调查现状，提出高中化学图表类非连续性文本的课堂教学策略。

第4阶段是基于教学策略进行高中化学图表类非连续性文本的教学实践研究，以期提高学生的认知能力和化学教师对非连续性文本教学的重视程度，从而提高高中化学课堂教学质量。

第5阶段是将非连续性文本与化学课程资源联系起来，帮助教师和学生加深对化学学科课程性质的思考，深入体验化学学科微观、宏观、符号的三重表征，更好地发挥化学课程功能。

第4节 高中化学图表类非连续性文本的课堂教学研究的理论依据

从“高中化学图表类非连续性文本的课堂教学研究”的主题来看，本研究包含的内容、涉及的领域较多，需要支撑的理论较广。课堂教学涉及教学和学习理论，图表、非连续性文本涉及信息学理论和心理学理论。所以，在本研究开展过程中，多种理论被聚焦应用，有的理论贯穿在整个研究过程中作为研究支撑，如建构主义学习理论；有的理论仅在研究局部作为研究支持加以应用，如视觉素养理论。这些理论作为本研究的指导思想，保障了研究的顺利进行。

一、学习理论依据

1. 建构主义学习理论

建构主义学习理论的核心是以学生为中心，强调学生对知识的主动探索、主动发现和对所学知识意义的主动建构，而不是传统的灌输知识。知识不是通过教师传授得到的，而是学生在一定的情境即社会文化背景下，借助其他人的帮助即通过人际的协作活动而实现的意义建构过程。因而，构建主义学习理论认为情境、会话、协作、意义构建是学习环境中的四大要素。

建构主义强调，学生在日常生活和各种形式的学习中，已经形成了有关的知识经验，这些经验对他们的学习产生着影响。教师应该将学生已有的知识作为知识的自然生长点，引导学生从原有的知识经验中产生新的知识经验。

建构主义还强调，教师应以学生为主体，考虑在教学行为中帮助学生构建情境。情境可使学生利用自己原有认知结构中的有关经验同化当前学习的新知识，从而赋予新知识某种意义。在学习情境中，学生可利用各种工具、信息资料（如文字、图像、音像、多媒体课件）来实现预定目标。建构主义强调利用各种信息来支持学习，强调教师要指导学生利用信息资源、挖掘信息。建构主义要求学生面对认知复杂的真实世界情境，并在复杂的真实情境中完成任务。

各种形式的非连续性文本给学生提供了一个真实的学习情境，可以作为学生主动发现、主动探索的驱动与知识生长点。教师应该充分发挥指导作用，引领学生提升对这些情境的感受、理解、应用能力，以帮助其高效完成对新知的意义建构。

2. “最近发展区”理论

维果茨基（2010）提出了“最近发展区”这个概念。他认为，学生在各种学习中，有自身的实际发展的水平，而且还存在很大的发展潜能，它们之间的差距就是所谓的“最近发展区”。在他看来，个人的发展与学习的速度并不是同步的，因为先学习后发展，所以学习与发展之间的差距便形成“可能”的发展区。

因此，在对学生进行化学图表类非连续性文本课堂教学的研究中，不仅不能忽略学生原有的发展水平，还要了解通过任课老师的指导学生发展所达到的现状，以及是否充分挖掘了潜力。这样教师才能最大限度地激发学生的潜能。

3. 多元智能理论

霍华德（2004）提出多元智能理论，将智能定义为人在特定情景中解决问题并有所创造的能力。他认为，每个人都拥有八种主要智能：语言智能、逻辑-数理智能、空间智能、运动智能、音乐智能、人际交往智能、内省智能、自然观察智能。他提出了“智能本位评价”的理念，扩展了学生学习评估的基础；他主张“情景化”评估，修改了以前教育评估的功能和方法。

我们要采用多种方式和手段呈现用“多元智能”来教学的策略，实现为“多元智能”而教的目的，改进教学的形式和环节，努力培养学生的多元智能。不仅社会对学生的要求，而且学生自身的空间智力发展需要也是非连续性文本存在的重要价值体现。

二、心理学依据

1. 认知发展理论

皮亚杰（2018）将个体在生活中适应环境时产生的对事物的认知及个体面对问题情境时的思维方式与能力的表现分为四大认知发展阶段：感知运动阶段、前运算阶段、具体运算阶段、形式运算阶段。高中学生处于形式运算阶段，他们这个阶段的思维发展到了抽象逻辑水平，他们用逻辑思维考虑现实情境的同时还能想象可能的情境。

中学生的思维特点如下：可以进行抽象思维和纯符号思维，能够接受与事实相反的情形，能进行假设演绎推理，能接受化学语言并用化学符号的思维去学习化学，能应对情境改变时的化学现象并对其进行判断，具有探究能力，能进行实验操作、观察记录并得出结论。但是，在具有差异性的中学生群体中，其认知能力发展速率具有不平衡性。在具体的中学化学学习情境中，中学生学习化学是与环境相互作用的过程，教学情境的改变影响着学生的学习效果。

环境中的信息要素尤为重要，是认知发展的客观条件。非连续性文本的使用能使学生更好地运用环境刺激进行内在的加工，为学习提供直接刺激。此外，有的中学生在学习化学知识时，特别是遇到抽象难以理解的知识时，思维活动达不到理论的高度，需要具体内容的支持。非连续性文本能帮助创造学生的最近发展区，加快学生的认知发展，从“依据具体的经验和事物”阶段发展到“无须经验支撑”阶段。

2. 认知心理学

加涅(2000)的信息加工理论认为,学习是学习者通过自己对来自环境刺激的信息进行内在的认知加工而获得能力的过程。教学过程实际上就是一个教师传播知识信息和学生接收加工知识信息的过程。化学教学一方面需要借助以文字为主的连续性文本进行表述,另一方面则需要借助图表等非连续性文本取得更好的教学效果。作为传递化学信息的主要教学媒体,文字与化学图表在传输速度和传输效果上存在较大的差别(见表1-4)。

表1-4 文字与图表对比

特征	文字	图表
符号特性	阐释	代表
记忆性	较低,抽象的语言尤甚	较高
感官持久性	较短暂	较长久
概念的表达	① 标记的、定义的; ② 长于表达抽象的概念; ③ 有分析作用,显示整个概念内的细节; ④ 逐步地传达一个个概念	① 例示的; ② 长于表达具体的概念; ③ 有统合作用,显示整个概念的外貌; ④ 可以传达很多概念
思考方式	逻辑式	直觉式
认知过程	连续	平行
意义的唤醒	间接、较缓慢	直接、较迅速
需要旧经验	较多	较少

从表1-4中可看出,连续性文字和非连续性图表在信息表现方面各有所长。斯坦丁实验证明,在一般情况下,图片与文字相比更容易记忆。心理学上把这种现象称为"图优效应",即在记忆时,图片具有较大的优势。心理学家认为,这是因为记忆的好坏取决于可供选择的记忆的数目。在实验中,人们既能使用形象又能使用语言去记忆图片,比起语言学习中的单词记忆多了一个形象记忆的过程,所以使用图片可以提高记忆的成绩。科学家还发现,不是所有的图片都有"图优效应",没有特定意义的、抽象的、模糊的、笼统的图片没有显示出这种优势效应(卫士会,2016)。

在化学教学中,教师选择何种文本类型,选择何种具体的非连续性文本类型,对学生的信息编码具有重要的影响。做好非连续性文本与连续性文本的转换,选择具有典型性的图表进行教学,对于学生理解化学图表信息能力的培养具有重要的意义。

3. 脑科学理论

斯佩里(2012)进行了非常著名的割裂脑实验,证实了人类大脑不对称的"左右脑分工理论"。此研究进一步深化了人们对左右脑功能的认识。他认为,在人的学习和认知过程中,大脑两半球的功能不是截然分离的,也不是单纯的信息交换,而是更高层次的学习和认知。左右脑以不同的方式思维。左脑主要负责语言、文字、数字、符号等信息处理,具备计算理解、分析判断、归纳演绎等功能,其思维特点表现为抽象性、逻辑性和理性,因此左脑一般被称为学术脑。右脑主要负责处理图像、音乐韵律、想象等信息,具备无序、形象和直观等特征,因此被称为艺术脑。

脑科学理论从不同角度揭示了人类认知活动的脑机制。科学家们认为,通过尽可能多地让大脑参与学习,人类能提升对信息的记忆、保持和处理能力,这就是"全脑学习法"。左脑处理言语和抽象符号,右脑处理图像和图示符号。左脑可以用言语的形式抽象地想象一个概念。当这个信息转到右脑时,它可以被转换成图片或视觉形象。

这个理论给我们的化学课堂教学也带来了诸多的启示。化学是研究物质的组成、结构、性质及其变化规律的基础自然学科。化学学科中宏观、微观和符号三重表征与大脑左右半球运行的原则不谋而合。图表是对心理信息进行加工的形象化途径,是具有高度创造性的活动过程。脑科学的深入研究不仅给我们的化学课堂研究带来了诸多启示,帮助我们更好地探究教育学的方式对人脑功能可塑性的重要作用,而且为我们的非连续性文本信息能力研究奠定了坚实的理论基础,体现出其实践应用价值。

三、信息理论依据

1. 视觉素养理论

张舒予(2003)认为,视觉素养包括三个部分:一是视觉思维,它指经过视觉感知的物理过程,将思想、观念和信息转换成各种有助于传递相互联系的信息的图画、图形或形象;二是视觉交流,它指当图画、图形和其他形象用于表达观念或传授给人们时,为使视觉交流有效,接受者从所看到的视觉形象中建构意义;三是视觉学习,即通过图画和媒体学习的过程。

具有视觉冲击的非连续性文本能培养学生的视觉素养,学生在此过程中依次经历视觉学习、视觉交流、视觉思维。在中学阶段对学生非连续性文本方面的培养，就是属于视觉素养方面的培养。教师指导学生通过图画等非连续性文本获得信息、进行学习、交流信息，运用非连续性文本表达信息。

2. 经验之塔理论

戴尔(1949)的经验之塔理论认为，人类的学习能力具有层级之分，不同能力之间层层递进，形成一个金字塔模型。

该金字塔模型表明，化学的宏观表征可通过观察经验加以提升，图表类非连续性文本作为视觉符号和语言符号，在经验之塔理论中排在最顶尖的位置。这些信息包含了化学宏观、微观和符号表征的综合应用与表述。

3. 图表加工理论

图表加工与人们对图表信息的知觉加工及对图表构成成分的概念加工有着密不可分的关系。近年来，为了说明图表加工过程的特点和规律，研究者们提出了许多图表加工的理论模型。他们根据图表加工过程的复杂程度，将图表加工理论模型分为两大类：一类是规则模型、认知过程模型和计算模型，另一类是层次框架模型。

最初的规则模型侧重于图表设计的原则，指出了图表包含的基本信息及图表与内容的关系，由强调图表显示的视觉特性(分析模型)发展到强调图表和任务的关系(兼容模型)。认知过程模型更关注读者图表理解涉及的认知加工过程，认为读者对图表的理解就是将读者通过视觉获取的信息转换成一系列的概念信息，并对问题加以描述的过程。这一阶段将图表发展理论由定性的认知过程描述(Pinke 的图表理解理论和 Carpenter 等人的知觉与概念加工模型)发展到认知过程的定量预测(Lohse 的 UCIE 的计算机程序和 Peeble 等人的计算模型)。计算模型认为人们对图表的理解就是将图表的类型、内容与自身的知识经验相结合，不仅强调了对认知过程的定量预测，而且设计了人-图表-内容的交互系统，并且利用计算机程序模拟该过程。另一类的层次框架模型是最初图表加工理论模型的扩展。该理论认为从图表中提取信息的复杂程度是有一定层次的，除了最简单的信息直接读取外，还涉及进一步的信息整合、预测与推论等过程。在做出相应预测与推论的过程中，读者的知识经验、认知过程和心理状态等都会产生一定程度的影响。这种侧重于从复杂图表中提取信息、做出推论、回答高度整合的任务的图表加工理论，代表了未来的发展趋势。

化学教学中对图表类非连续性文本的应用应当遵循该理论。学生阅读图表的思维过程也应该经过一系列的步骤，阅读效果的好坏，也受到知识经验、心理状态等因素的影响。教师应当充分考虑学生已有的知识与能力水平，并结合实际教学需要，有针对性地选择或使用恰当的化学图表，通过设计情景、提出问题，引导学生在识图表、析图表、述图表、绘图表和用图表等活动过程中获得分析和解读图表的一般方法与技巧，让学生学会联系所学知识从图表中提取有效信息来解决相关问题，提高思维能力、图文转换能力、语言表达能力以及分析问题解决问题的能力。

第2章

高中化学图表类非连续性文本研究的核心概念

第1节　高中化学图表类非连续性文本概念的界定

为了使本研究方向更加准确、科学，下文将着眼于研究对象的含义，对“非连续性文本”“化学图表类非连续性文本”两个核心概念进行界定和诠释。

一、非连续性文本

文本是书面语言的表现形式。从字面上来看，文本是由文字组成的篇章。但是，并非所有用自然语言写成的传递信息的形式都是文本。只有拥有某种完整意义，并且能够完成某种完整功能的自然语言的信息形式才能称为文本。所以说，完整意义、完整功能是文本的核心。因此，除了文字，文本还可以由其他的表意符号构成，比如线条、数字、图画。符合文本概念的这些符号，要符合形式上可以分散、意义上必须保持完整的条件。依据文本的定义，按照文本的呈现方式，文本可分为连续性文本、非连续性文本、混合文本和多重文本。连续性文本是最基础、最常用的文本形式，其次是非连续性文本。

连续性文本是由句段构成的文本，句子是文本的最小单位，由句子组成段落，并可形成更上层的节、章和书等结构。非连续性文本是相对于以句子和段落为组成单位的连续性文本而言的阅读材料。它不以句子为最小单位，而是由包含句子在内的多种形式的文本构成的，体现出非连续性。这种非连续性可以是指内容上的，即语义不完整，缺乏过渡和衔接，没有常见的连接词和过渡句等，如名片、新闻标题和副标题、药品说明书，也可以是指形式上的，如文字说明中插入图片、图片中插入文字、数据用表格进行隔离且排列成序，还可以是指阅读者的阅读顺序，比如并不能完全遵循从左到右的顺序，有时也不需要从头至尾地阅读，打破了常规的线性思维，可以前后上下自由穿梭。非连续性文本的构成要素，除了句子之外，其他文本形式体现为清单、表格、图表、图示、广告、使用说明书、目录、索引等。常见的非连续性文本的类型有图表类、图文组合类、文段组合类等。非连续性文本在高中各学科学习中，以表格、地图、图形等几种形式最为常见。化学学科学习中，图表是最常见的非连续性文本的信息呈现方式。

综合以上分析，本书对非连续性文本定义如下："非连续性文本是指形式上间断，但意义上相关或者相连的不同类型符号的组合材料。"在形式上，非连续性文本区别于仅以文字为符号的连续性文本，由至少两种元素符号组成；在功能上，非连续性文本的各元素共同发挥"表达完整意义，提供完整信息"的作用。

二、化学图表类非连续性文本

图表是"图"和"表"的总称。在统计学中，图是根据数据资料，利用点、线、面、色彩等绘制成的结构整齐简明、具有一定数量数据关系的图形。表是指由纵横交叉的线条构成的格子，用于记录和表示数量或文字与被说明的项目之间的关系。图表一般是指用来描绘数学函数、呈现社会和自然科学研究中的数据以及具体说明科学理论的表征信息的视觉图像形式。化学图表类非连续性文本就是指将化学信息以图表的形式呈现出来的一种非连续性文本。

根据不同的标准，化学图表类非连续性文本可分为不同类型。

1. 依据呈现方式分类

根据不同的呈现方式，化学图表类非连续性文本可分为不同的类型（见图2-1）。

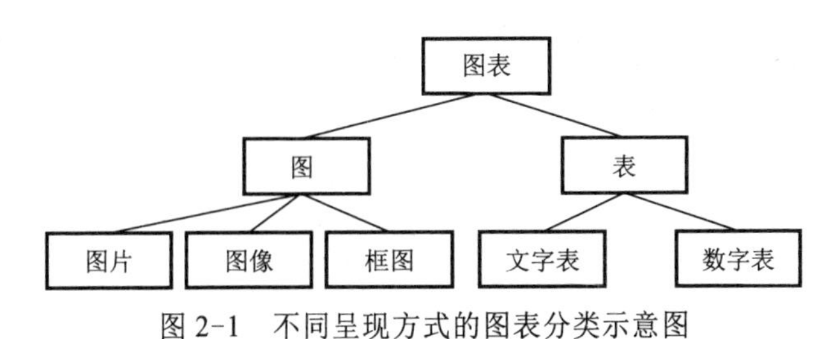

图2-1　不同呈现方式的图表分类示意图

2. 依据化学的不同表征分类

表征包括内容和形式两个方面。宏观－微观－符号是化学学科独具的特点，化学图表类非连续性文本也必然具备这三重表征。从这个特点出发，化学图表类非连续性文本可分为宏观表征类、微观表征类、符号表征类和多重表征类四种类型。

（1）化学宏观表征类非连续性文本

化学宏观表征类非连续性文本主要是展示物质所呈现的外在可观察的现象等信息的文本类型。它通过情景再现，帮助学习者形成多种感知能力，以增强对实验装置、实验操作、实验现象、化学在生产生活中的应用等的感性认识。

（2）化学微观表征类非连续性文本

化学微观表征类非连续性文本主要呈现微观知识或信息。在化学中，微观表征的内容主要反映物质微观组成和结构的基本概念和原理。这些内容一般是不能直接观察到的微粒（如电子、原子、分子、离子）的运动和相互作用、物质的微观组成和结构、反应机理等微观领域的属性在学习者头脑中的反映。在微观表征类非连续性文本的帮助下，学习者对物质的认识可以实现从感性到理性的飞跃。

（3）化学符号表征类非连续性文本

化学符号表征类非连续性文本主要呈现化学的语言符号。化学具有自己独特的符号和图示体系，这些符号和图示有其特有的语言和语法规则，是化学学科进行思维的最基本的工具。这些符号和图示主要由拉丁文或英文字母组成，有的用于表示元素（或原子、离子），有的用于表示物质组成和结构的式子和图式（如化学式、结构式），有表示物质变化的式子和图式（如化学方程式、电离方程式）。化学符号是思维的工具，不掌握这种化学语言就无法进行思考。化学符号表征类非连续性文本作为一种中介将宏观物质和微观组成联系起来，帮助学习者在头脑中正确贴切地进行两者信息的转换。

（4）化学多重表征类非连续性文本

还有一类化学图表类非连续性文本包含了两种及两种以上的表征信息，它称作化学多重表征类非连续性文本。多重表征类非连续性文本经过融合后，创建出一个有利于进行三重表征的学习情境，呈现出更综合的信息量，以帮助学习者得到更综合的学习效果，从而加深对事物的认识和理解。化学图表类非连续性文本把潜在的三重表征过程用恰当的、外在的形式呈现出来，将三重表征过程外显化。在其帮助下，学习者可以在三者间实现自动的信息转换，顺利完成三重表征的意义建构。

3. 依据有无数值特征和数量关系分类

根据图表中有无数值特征和数量关系，化学图表类非连续性文本可分为定性图表和定量图表。定性图表是为了帮助学习者回答“是什么”的问题，而定量图表是为了帮助学习者解决“有多少”的问题。在高中阶段，化学图表类非连续性文本在定性、定量方面的区别，除了在教材中有所体现外，更多的是试题中给出的信息和考查的内容。例题 1 和例题 2 分别是常见的定性图表例题和定量图表例题。例题 1 要求学生判断随着水的加入醋酸的电离程度的变化，例题 2 则在图表给出的数量关系的基础上要求计算醋酸的电离平衡常数。

例题 1　一定温度下，冰醋酸加水稀释过程中溶液的导电能力如图 2-2 所示。请回答下列问题：

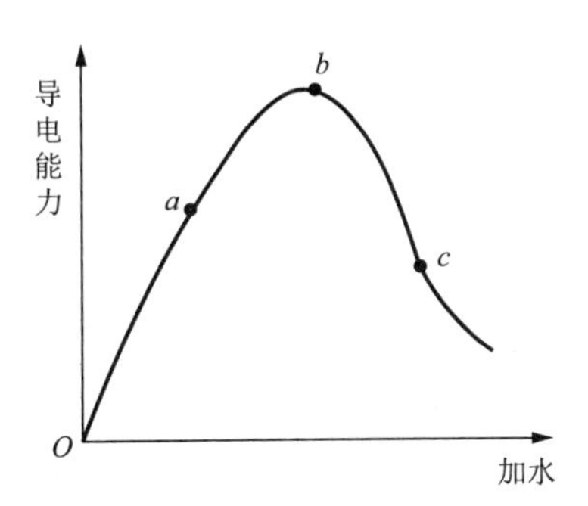

图 2-2　冰醋酸加水稀释过程中溶液的导电能力

（1）“O”点为什么不导电？________________。

（2）a、b、c 三点 pH 由大到小的顺序为________________。

（3）a、b、c 三点中醋酸的电离程度最大的点是________点。

（4）若使 c 点溶液中 $c(CH_3COO^-)$ 提高，可以采取的措施有①________，②________，③________，④________，⑤________。

例题 2　已知某温度时 CH_3COOH 的电离平衡常数为 K。该温度下向 20 mL 浓度为 0.1 $mol \cdot L^{-1}$ CH_3COOH 溶液中逐滴加入 0.1 $mol \cdot L^{-1}$ NaOH 溶液，pH 变化曲线如图 2-3 所示（忽略温度），根据图中数据可计算出 K 值为（　　）。

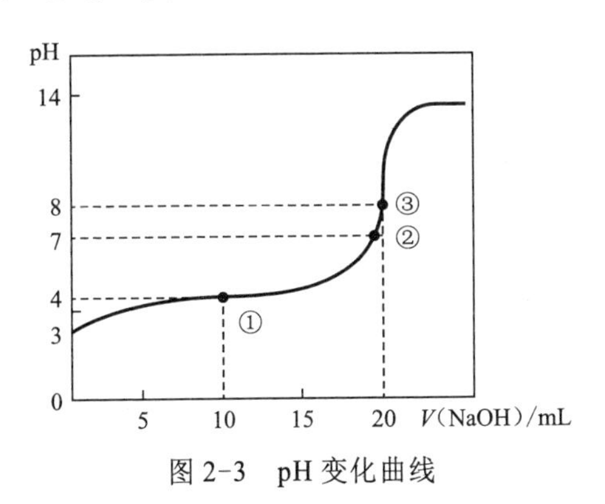

图 2-3　pH 变化曲线

高考试题或者高考模拟试题中往往同时对定性和定量两方面元素综合进行考查。例题 3 中既有化学平衡状态和平衡移动方向的定性判断，又有化学反应速率和平衡常数的定量计算，符合高考试题综合性的特点。

例题 3 在某个容积为 2 L 的密闭容器内，在 T ℃时按图 2-4 所示发生反应：

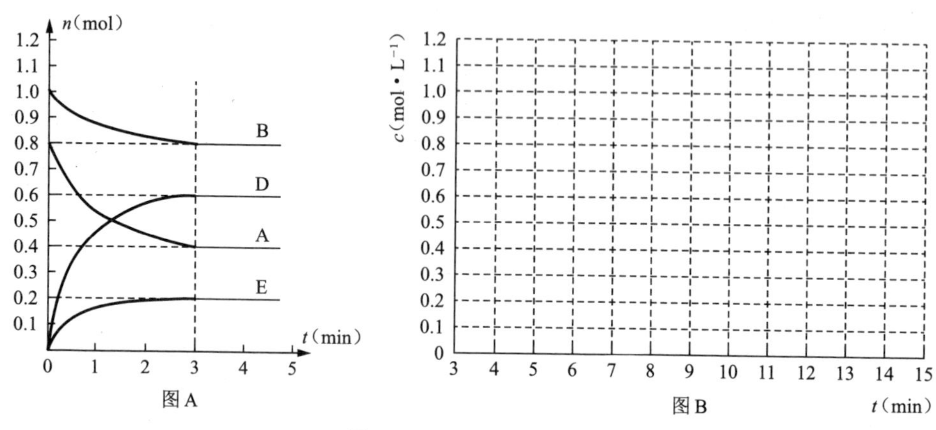

图 2-4 T ℃时反应变化

mA(g) + nB(g) $\rightleftharpoons$ pD(g) + qE(s) $\Delta H<0$（m、n、p、q 为最简比例的整数）。

（1）根据图 A 所示，反应开始至达到平衡时，用 D 表示该反应速率为______ $mol \cdot L^{-1} \cdot min^{-1}$；方程式中 $m:n:p:q=$______________。

（2）该反应的化学平衡常数 K 为______________（保留至一位小数）。

（3）下列措施能增大 B 的转化率的是（　　）。

A. 升高温度

B. 保持体积不变通入 1 mol B

C. 保持体积不变，移出部分物质 D(g)

D. 将容器的容积增大为原来的 2 倍

E. 保持体积不变，通入 1 mol A

（4）能判断该反应已经达到化学平衡状态的是（　　）。

A. 恒容恒温时容器中气体压强保持不变

B. 混合气体中 D 浓度不变

C. v(A)正 $=v$(A)逆

D. 恒容时容器中气体密度不变

（5）反应达到平衡后，第 7 min 时，改变条件，在第 9 min 达到新的平衡，在图 B 上作出第 7 min 至第 15 min（作在答题纸上）D 浓度变化图像：

① 若降低温度且平衡时 D 物质的量变化了 0.4 mol（用虚线）；

② 若将容器的容积减小为原来一半(用实线)。

4. 依据高中学段知识板块分类

高中学段的化学知识，一般情况下分为 5 个板块：基本概念和基础理论板块、元素化合物板块、有机化学板块、物质结构板块和实验板块。在此基础上，其对应的化学图表类非连续性文本除了包含这 5 个板块，还应有综合类的化学非连续性文本，这一类文本同时包含不止一个板块的知识信息。

第 2 节　高中化学图表类非连续性文本的特征

与连续性文本相比，化学图表类非连续性文本具有的突出特点主要集中在呈现形式和意义功能两方面。在呈现形式方面，化学图表类非连续性文本具有简明性、多样性和间断性。在意义功能方面，化学图表类非连续性文本具有关联性、学科性和整合性。

一、简明性

化学图表类非连续性文本的简明性，首先表现为“简单”。它没有连续性文本中的起承转合、铺垫伏笔，而是通过图表对客观世界的整理、改造和建构，更简单更直接地表达化学信息，便于人们从根本上把握化学学科知识的本质。

其次表现为“直观”。比起沉闷枯燥的文字，学生更愿意欣赏一些能给他们眼球和大脑带来直接视觉冲击感受的图表。以数据统计为例，我们与其提供给学生大量详尽、面面俱到的数据，不如直接提供折线图、比例图、柱状图和数据表之类的图表来得一目了然。另外，化学课堂教学中的有些内容，用图表显现远比用语言文字表述生动得多，如原电池微观原理的模拟图、卤化氢熔沸点变化规律表等。化学图表类非连续性文本，正是借助直观的视觉思维来研究抽象的对象，诠释抽象的问题。

最后表现为“可信”。用图表的形式展现出科学家的肖像、化学实验现象、化学在生活中的应用等情景，能真实地反映出现实情况，比抽象的文字更具有说服力。

二、多样性

依据呈现方式、化学的不同表征、有无数值特征和高中学段的知识板块，我们可以进行不同的分类，将化学图表类非连续性文本分成若干类型，从中可看出化学图表类非连续性文本类型的多样性。

多种类型的非连续性文本，为化学信息呈现方式提供了选择，为其最优化提供了便利。举例来说，我们为了体现化学反应为人类生产生活作出的贡献，可以通过利用新闻中的素材进行图片展示来增强感性方面的认识，也可以通过利用数据进行表格对比来增强理性方面的分析。采用哪种类型和方式，取决于化学教学的培养目标。又如实验结果的数据整理，可以先以表格的形式对数据进行汇总，然后用饼状图的形式对数据进行统计，最后对带有图片的实验结果作出分析，用带有化学反应方程式的符号呈现结论。

除了为文本类型的选择优化提供了便利条件，多样性还使化学图表类非连续性文本具备大信息量的特点。无论是图表中加入文字，还是文字中加入图表，抑或是不同类型图表之间、不同意义的文字之间的非连续性文本形式上的简单搭配，都会使其中蕴含大量的信息。比如，看起来简单的实验操作示意图，可以解读出反应需要的药品名称、药品的取用量、药品取用方式、实验需要的仪器、实验装置的组装及注意事项、实验的操作步骤等信息，甚至还包含实验出现的结果、化学反应的机理等。如果采用连续性文本的话，这么多的信息可能就需要长篇累牍了。

三、间断性

非连续性文本的“非连续性”，顾名思义就是“间断性”。化学图表类非连续性文本的间断性表现在两方面，一是内容的间断性，二是阅读思维方式的间断性。

化学图表类非连续性文本是由简洁独立的数据、词语或点线等基本单位构成的。这种表象是间断的、不连续的，从形式上看比较零碎。非连续性文本的间断性使其中的信息内容“碎片化”或者“板块化”。

内容的间断性直接影响相应阅读方式的间断性。与连续性文本从左到右的阅读顺序相比，化学非连续性文本的阅读顺序是跳跃的、不确定的。影响这种阅读方式的另外一个因素是化学学科自身的特点。化学学科的非连续性文本阅读方式是建立在连续性文本阅读基础之上的，但在心理过程和思维过程等方面又与连续性文本阅读有很大的不同。阅读者甚至不用从头看到尾，根据需要可以直接跳过无关信息。这一点凸显出化学学科的特点。这种跳跃性的阅读思维方式，实际上是对传统的线性思维模式的挑战。

四、关联性

化学图表类非连续性文本虽然在形式上是“非连续性”的，但在内容上具有一定的“关联性”，即围绕同一个主题展开。各组成材料文本相对独立又相互联系。非连续性文本的关联性，突出了信息和信息之间的关系，有助于阅读者从整体上把握信息。鲁科版高中化学新教材中设置了丰富的学习活动性栏目和资料性栏目，它们由大量的非连续性文本构成。一部分栏目在设置的属性上体现出STS思想，不同栏目围绕着一个中心精心设计，即让学生在学习中体会化学与生产、生活实际和科技发展之间的联系。同一栏目中，不同类型、不同内容的非连续性文本也都围绕着各自的主题展开，比如，“化学与技术”与“身边的化学”栏目让学生联系生产、生活实际，了解生产、生活中与化学有关的内容，并通过学习解决一些实际问题；“化学前沿”和“历史回眸”栏目，让学生联系科技发展的实际，通过非连续性文本的阅读感知化学与现代科技发展的关系，体会科技发展的过去、现在与未来；“联想•质疑”栏目中的非连续性文本列举出学生已有的认识和生活经验、自然现象，使他们的学习紧密联系已有经验，有利于激发他们的学习兴趣。

以氧化还原反应为例，分析化学学科中不同图表类非连续性文本之间、连续性文本与图表类非连续性文本之间的关系，常见的有4种情况。

1. 并列关系

并列关系即围绕一个中心主题，把若干图表类材料并列组合在一起加以阐述。

在化学教学中，文本相互之间仅是并列关系、无须逻辑推理或者因果推导的知识点常采用这种形式。比如，4种基本反应类型之间就不存在因果或归属关系。又如，氧化还原反应在生活中的各种应用、物质的各种用途、物品的外观特征、元素及其化合物在自然界中的存在等情况都可以用并列关系的非连续性文本表示。并列关系的非连续性文本相互完善、补充，保证了知识的完整性和丰富性。

2. 转化关系

化学学科研究的重点内容之一就是物质、能量之间的相互转化。化学是一门创造性的科学。人们利用化学方法，不仅从矿物、岩石以及动植物体中发现了物质，而且想方设法把它们提取出来，或者利用已有的物质将其制造出来，然后根据需要创造出具有特殊性质和功能的、在自然界中不存在的新物质。在这个过程中产生的宏观变化、微观变化以及形成的对应概念或者理论，在高中鲁科版化学教材中大量应用图表类的非连续性文本进行表示。

用图片表示的自然界物质、用文字表示的反应类型和物质、用箭头符号表示的方向，各种类型的文本共同构成了碳元素及其化合物在自然界中的循环过程示意图。对物质转化过程中的微观解释，也可以利用非连续性文本。

3. 阐释关系

在内容表达方面，化学非连续性文本材料之间相互补充、相互印证，构成一种阐释关系。在链接组合上，常采用“1+*X*”的组合方式。“1”指的是连续性文本，“*X*”是指在“1”之后链接若干个非连续性材料作为补充。化学教材中的连续性文本和非连续性文本之间相互影响、相互促进，服务于同一化学知识的主题。两者之间形成一种统一的、因果的、互助的、有张力的关系。图表类的非连续性文本的链接加入，在学生和连续性文本之间架起了桥梁，教材中的肖像图、生产生活图、信息报道与统计表等，深刻地解释了连续性文本所要表达的情感，使其表达显得证据充分，真实可信。

4. 分类关系

化学图表类非连续性文本常用于把各级主题的关系用相互隶属与相关的层级图表现出来，把主题关键词与图像、颜色等建立链接，便于进行信息的采集、分析和应用。图 2-5 表现的是 4 种基本反应类型与氧化还原反应之间的关系。表 2-1 以列表的形式将国际单位制的 7 个基本量的常用符号、单位名称和单位符号进行了分门别类的汇总。

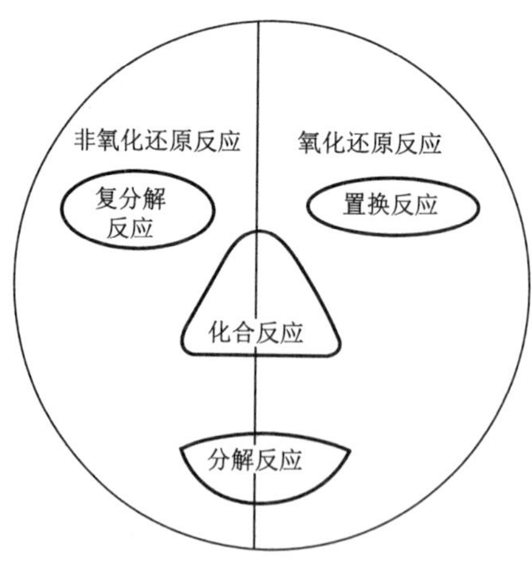

图 2-5 四种基本反应类型与氧化还原反应之间的关系

表 2-1　国际单位制的 7 个基本量

量	常用符号	单位名称	单位符号
长度	L	米	m
质量	m	千克(又称“公斤”)	kg
时间	t	秒	s
电流	I	安[培]	A
热力学温度	T	开[尔文]	K
物质的量	n	摩[尔]	mol
发光强度	I_v	坎[德拉]	cd

巢宗祺(2012)指出:“非连续性文本的特征和功能十分明显。学会从非连续性文本中获取我们所需要的信息,得出有意义的结论,是现代公民应具有的阅读能力。”在对化学非连续性文本的阅读中,根据化学学科的特点,准确判断出非连续性文本之间的关联性,有利于培养学生在这方面的阅读能力,丰富学生多元的阅读体验。

五、学科性

化学图表类非连续性文本具有非常突出的化学学科特点。化学是一门以实验为基础的学科,研究物质的组成、结构、性质变化规律和用途。其学科特点决定了相应内容必须借助于有形的、直观的、简洁又生动的图表来呈现。

作为实验学科,化学需要利用大量的实验器材、药品进行实验的设计、操作,观察实验现象,完成实验数据的统计与分析等。所有的环节都离不开化学图表。化学来源于社会与生活,又服务于社会与生活。生活中存在着很多有趣的化学现象和化学知识。通过图片形式将化学现象和知识呈现给学生,不仅极大地激发了学生的学习兴趣,而且可以提升学生学习价值观。从化学学科知识的特点出发,化学教材中的图可以分为实物图、实验操作示意图、实验现象图、微观与原理模拟图、知识点归纳结构图、信息统计与报道图、肖像图、生产生活图等几大类。教材中的表可以分为实验数据记录表、实验现象记录表、物质分类表等几大类。

化学学科宏观、微观、符号的三重表征形式也决定了化学图表类非连续性文本的三重表征的特点。化学图表具备了数、形、义三要素的形式。数是指数字说明,形是指呈现真实的影像或模拟构型,义则是指对图表内涵和特征的文字描述。化学图表宏观、微观、符号的表征形式代表的是图表中各种信息的类别,数、形、义代表的是图表中各种信息不同的呈现方式。两者往往是统一并且相互联结的。学生借助于数、形、义这些图表构成的显性要素,顺利完成宏观、微观、符号三种表征形式上对图表表达的概念、原理或现象的意义建构。

新高考对非连续性文本的考查比重越来越大,具体数据见绪论分析。具备直观性的化学图像、图表是科学信息的重要载体,能强有力地促进学生形象思维的形成,为学生分析、综合、科学地使用化学知识铺设一条平稳的道路。学生通过对图像、图表中的数据和信息进行观察、分析、获取、加工、整理,最后形成结论。整个过程不仅有利于提升学生论据判断的准确性,而且通过图像、图表题能有效激发学生的创新潜能。鉴于信息呈现方式的稳定性和考试题型的固定,对化学图表类非连续性文本的考查在高考中会是长期的热点。高考中化学图表类非连续性文本仍然会结合化学的基本概念和基本理论、元素及其化合物、化学实验、化学计算等内容,考查学生信息的寻找、选择、加工、整理、重组、应用等各方面的能力。除了化学用语之外,高考化学的非连续性文本信息可以从"四图"上进行体现,即图表、图像、装置模型图、流程图。

六、整合性

化学学科图表类非连续性文本的整合性特征非常明显。首先它表现为化学学科自身宏观、微观、符号的三重表征和数、形、义的三种外观呈现方式之间的整合。除此之外,它还涉及其他学科的因素,如读统计表或折线图会用到数学知识,读电路图会用到物理知识。在考查能力方面,它还涉及各种智力的整合,包括数学逻辑智力、空间智力、语文上的言语智力。学生在阅读或者应用此类文本时,除了用到自然学科的逻辑推理思维,还需要具备人文社会学科的形象思维和直观思维。

化学图表类非连续性文本的整合性还体现为化学学科与生活的整合。化学学科是一门实践性较强的学科,化学教学也应该与生活紧密联系,化学教材中的图表类非连续性文本就很好地体现了这一点。尤其是教材中的图表类非连续性文本的阅读材料,主要来源于现实生活,最终也是应用到了生活中,充分体现了生活化的特征,比如商品和药品说明书、食物的成分表。在化学教材中来源于生活的图表也比比皆是。以鲁科版必修1第1章第1节为例,18张图片均来源于实际生活。教材中图表很好地实现了化学与生活的整合功能。

第3节　高中化学图表类非连续性文本信息能力的界定

基于上述理论基础，人们接收信息、学习知识或是进行图表解读等活动都是符合一定的认知过程的。首先，学生接触图表，开始得到一系列的信息。这些信息进入大脑中，大脑对其进行编码筛选，有的需要进一步加工；加工后的信息与学生已有的知识经验相结合，得出新的结论，也可再与图表或新的信息相结合，对结果进行预测或者绘制出一个新的图表。我们将上述过程分为五个子过程：输入、编码、加工、再提取和使用（见图2-6）。

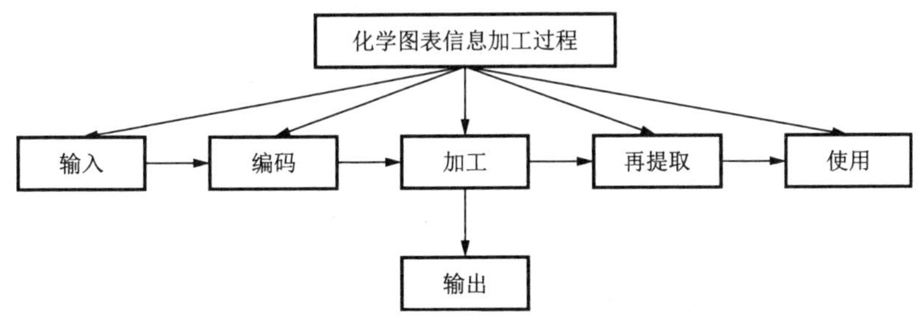

图2-6　化学图表信息加工过程模型示意图

对于“图表类非连续性文本信息能力”的概念，目前界定仍然比较模糊。从传统意义上讲，它主要是指以图表为中心应用图表获取信息的能力。在化学学科中，这种信息能力体现为个体通过对图表信息的输入、编码、加工、再提取和使用，分析化学现象之间的联系、规律以及发展变化，从而获得表现客观世界与认识客观世界的能力。

笔者认为，图表类非连续性文本信息能力是一种涵盖基础能力、操作技能和应用能力的综合能力，既包括注意、观察、记忆、想象和思维等多种基础能力，又包括图表的绘制、数据的计算和分析等操作技能，还包括对图表信息进行整合和运用的应用能力。这些能力可分为3个不同层次。第1层次是通过阅读从图表中感知信息、获取信息的能力。第2层次是解译信息和整合信息的能力，即通过分析图表，排除无用繁杂信息的干扰，抓住有价值的内容，结合相关的化学知识，获取图表中的隐含信息，对提取出来的信息进行分析和重新整合的能力。第3层次是应用信息、创造信息的能力，即主动运用图表信息解决实际问题的能力。

学生在处理化学图表信息时，每一过程都需要拥有相应的能力。不同的能力在行为表现、化学知识内容、题目类型上都存在着差异。“输入”和“编码”过程需要学生的感知能力和获取能力;“加工”过程需要学生的解译能力和整合能力;“再提取”和“使用”过程需要学生的应用能力和创造能力。各种信息能力的具体内容如图 2-7 所示。这也启发我们,对学生进行相关训练,需要关注到化学学科的特点、化学学科中的不同知识类型等。

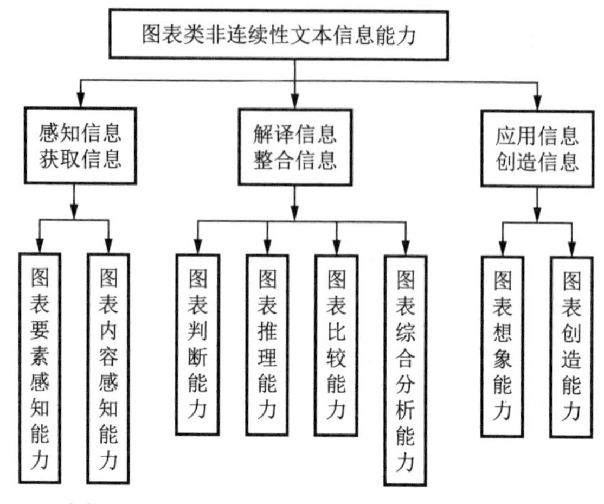

图 2-7 图表类非连续性文本信息能力界定

第 3 章

青岛市高中师生化学图表类非连续性文本认知现状分析

第 1 节　青岛市高中师生化学图表类非连续性文本认知现状的调查

为了更好地了解青岛市高中化学图表类非连续性文本教和学的实际情况，本研究设计和应用了教师问卷调查和学生问卷调查。为了了解在非连续性文本教学的某一方面教师和学生持有看法或者感知态度的异同，在问卷设计中，面向教师和面向学生的问卷内容以逐题对应的形式呈现，以便比对分析结果。

一、调查样本分析

教师问卷的调查面向青岛市化学教师。本调查随机抽取青岛市化学教师 93 人，样本来自青岛市各市区学校。本调查使用了软件问卷星，通过网络进行，结合了简单的访谈调查。问卷回收率 100%。从问卷中针对个人基本情况的调查结果来看，在教龄方面，参与调查的化学教师大多是在 13 年以上，中年教师居多，合计占比 75.27%。从参与调查的教师的学历或者学位情况来看，72.04% 的教师本科毕业或者具有学士学位。这与目前青岛市化学教师的年龄分布和学历学位具备情况都基本吻合。

学生问卷的调查采用了随机抽取的方式，以青岛市 15 所局属高中的学生为调查对象。样本来自不同批次的学校、不同的年级，具有不同的化学基础，有一定的代表性。本次问卷调查，采用网络问卷星的方式，结合了简单的访谈调查。回收男生问卷 232 份，女生问卷 298 份，总共 530 份，有效率为 100%，男女比例约为0.8∶1。尽管男女生人数不相当，但是这个比例与青岛市2018年局属学校在校学生的男女生比例基本相近。高一问卷176份，高二问卷149份，高三问卷205份，三个年级的比例基本相当，高三年级比例略大。

二、调查问卷设计思路

问卷的内容可分为三大部分（见附录1和附录2）。第1部分是问卷说明，第2部分是问卷对象的个人情况调查，第3部分是主体部分——教师和学生对化学图表类非连续性文本的认知调查。

问卷主体第3部分主要从4个方面进行了深入调查。首先，了解教师和学生对非连续性文本概念的认知情况；其次，与化学学科相联系，调查师生在非连续性文本学科教与学方面的兴趣与意愿；再次，调查师生在教与学的过程中对化学图表类非连续性文本的应用频率和应用能力的相关情况；最后，调查师生在化学学科的学习中提供和接受图表类非连续性文本指导的情况，并征求教学建议。

4个方面的内容在问卷中对应的具体题号如表3-1所示。

表3-1　教师问卷和学生问卷提纲

调研内容	对应题号
个人基本情况	1、2
教师（学生）对非连续性文本的认知程度	3、4、5、7、9
教师（学生）在学科的非连续性文本方面教与学的兴趣与意愿	6、12
教师（学生）在教与学过程中对化学图表类非连续性文本的应用	8、10、11、15
教师（学生）在化学学习中提供（接受）图表类非连续性文本指导的情况以及建议	13、14、16、17、18

三、调查问卷结果分析

1. 师生对非连续性文本概念认知情况调查

笔者在山东省青岛第十六中学随机抽取了3名学生、2位中年化学教师和1位青年化学教师，了解他们是否知道“非连续性文本”这个新名词。结果3名学生和3位教师均表示从来没有听说过这个概念，说明师生对“非连续性文本”这个概念较为陌生。为了有效地完成问卷调查，笔者特别在问卷正文前面加了一个问卷说明。问卷通过对比和举例的方式，对连续性文本和非连续性文本给出定义。问卷题目中的第3题、第4题和第5题，都是为了了解教师和学生对“非连续性文本”这个概念的理解而设计的。

由最后统计数据可以看出，参与调查的化学教师和学生对“非连续性文本”这个概念不是很了解。即使笔者在问卷说明中将连续性文本和非连续性文本的定义都进行了举例说明，提供了参考，教师和学生中“完全不了解”的比例仍然分别占到了45.16%和41.13%，“听说过，但不了解”的比例分别占到43.01%和39.43%。这说明，“非连续性文本”这个名词及对应要求虽然已经写进了高中语文课程标准中，但在学生的日常学习中并没有成为常见的概念。

虽然教师和学生对“非连续性文本”这个概念的了解程度都不深，但是仍然有一个数据引起了我们的关注：在少数对非连续性文本比较了解的人群中，学生的比例比化学教师的比例要高。而“听说过，但不了解”和“完全不了解”非连续性文本的比例，学生比教师要略低一些。分析原因，可能是因为非连续性文本进入高中课堂是从语文学科开始的，所以学过语文新课程的学生一定程度上比从事单一化学学科教学的教师了解的程度要略高一些。

24位具有研究生学历、硕士学位及博士学位的教师对于非连续性文本的检测结果，与预测情况不一致。原本预测是高学历青年教师在新教学理念和新概念方面应该具备更好的前瞻性和实践性。结果在这24个样本中，只有一个表示比较熟悉，其余全部都是“听说过，但不了解”或者“完全不了解”。也就是说，教师对这个概念的认知情况与学历无关，与年龄关联也不大。从这个角度来看，现在跨学科的融合教学对新时代的教师提出了更高的要求。

第4题，对于非连续性文本实例的判断能看出，教师答案正确率最高的是对课程表的判断，达到79.57%，学生答案正确率最高的是对广告的判断，达到66.23%。其余的都介于40%～60%。另外，尽管提前给出了定义，仍有10.75%的教师和20%的学生认为剧本是非连续性文本，4.3%的教师和14.72%的学生认为《红楼梦》等小说是非连续性文本，从而能进一步看出“非连续性文本”的概念还没有普及，教师和学生对非连续性文本类型的认识存在偏差，也比较狭隘。

对化学学科中的非连续性文本的判断能看出，无论是教师还是学生，尽管第5题的各项正确率仍然令人不满意，比起没有学科限定的第4题，还是有不同程度的提升。这也印证了化学非连续性文本的学科属性比较突出的特点。

现在比对教师和学生的情况。在前面第3题中教师对“非连续性文本”这个概念了解的程度不如学生。但是在第4题和第5题的实例判断中，教师各项正确率比学生均要高出十几个甚至二十几个百分点。分析原因可知，教师虽然在理论与概念方面不是很清楚,但在教学实践中已经开始进行相关教学。在问卷说明的帮助下,有了经验做基础,教师体现出较强的迁移能力和应用能力。

为了了解教师与学生在化学非连续性文本认知方面关注的角度和程度,问卷设计了第 7 题。

调查结果显示,师生接触的图表类非连续性文本的来源比较广泛,其中最主要的是教材和试题。所以,教师在课堂教学中应该重视并且加强对教材和试题中图表类非连续性文本阅读能力的指导。正是基于此,我们将化学课堂教学设计和教材等教学资源的使用作为本研究的两个重点。另外,有相当大比例的学生通过网络、生活及其他途径获得图表类非连续性文本的信息,可见信息化对学生的学习和生活产生了巨大的影响。

在这一项的调查数据中出现了以下几个现象,值得关注。首先,在教师接触的图表类非连续性文本的所有资源中,网络的比例最高,占到 68.82%,而学生方面网络来源只占到 44.53%。这可能与教师教的方式和学生学的方式有关系。网络资源现今已经成为教师备课、学习的重要渠道之一,而学生尤其是高中生在学校统一学习时间较多,学习途径仍以教师讲授、学生互助为主,利用网络资源的学习受限于时间、场所等客观条件。其次,教师和学生在周边生活环境中接触到的图表类非连续性文本的比例只有 27.96%和 28.87%。这说明教师和学生在现实生活中关注非连续性文本的意识比较淡薄,只有四分之一左右的师生会主动去观察。师生将非连续性文本与生活结合的意识有待提高,在生活中开发和使用非连续性文本的行动一定也比较少。这有悖于化学与生活联系紧密的特点。再次,教师和学生中均有一定数量的参调人员填写“其他”。具体的渠道可在后续的访谈调查中做深入了解。

化学高考试题中非连续性文本提供信息的比重较大,所以针对试题进行非连续性文本的认知和训练是教学研究中不可回避的问题。问卷中第 9 题调查的是教师和学生对化学试题中图表类非连续性文本的感知情况。

不同类型、不同内容的化学试题中,图表类非连续性文本所占的比例不同。本题的测试目的主要看教师和学生主体的感受情况。从总体上看,大部分教师和学生认同化学试题中图表类非连续性文本占了很重要的地位。具体分析能看出教师和学生的感知情况仍有差别。与学生数据相比,教师认为图表类非连续性文本在化学试题中所占的比重要低一些。联系第 1 章第 1 节对高考试题中图表类非连续性文本数量的统计情况,说明教师对非连续性文本的习题教学和习题训练缺乏关注，不够重视，至少没有达到与学生预期评价目标同步。

2. 师生对“非连续性文本”概念的学习态度调查

第14题调查教师和学生在教与学中使用图表、图画等方式的意向。大部分师生表示“比较喜欢”或者“非常喜欢”。第6题请师生选择喜欢的化学教学的文本类型，绝大多数师生选择了连续性文本和非连续性文本相结合的形式。这说明尽管师生对“非连续性文本”的概念比较笼统，但是师生不仅对非连续性文本抱有积极的态度情感，而且也意识到了非连续性文本与连续性文本相结合的教学方式的重要作用和价值。这为后面的教学实践提供了较好的实践动机。也就是说，只要教师对学生进行学法上的指导，非连续性文本还是很有可能成为学生学习中愿意经常使用的文本形式的。

从12题的选择结果来看，参与问卷调查的绝大多数师生对学习非连续性文本的意义非常认同。帮助学生“提高阅读兴趣，提升阅读能力”以及“转变思维方式”是大家认可的学习非连续性文本的重要意义。在学习非连续性文本的其他作用中，师生对“增长见识”一项认同度也基本相同，说明教师和学生对非连续性文本的学习价值具有一样的期待。

综合第6题、第12题、第14题的统计结果，能得出以下对我们的研究方向具有引导价值的发现。

首先，教师和学生对非连续性文本的教学价值很认可，而且有很强烈的实际应用意愿。但是，这与目前非连续性文本融入学科教学实践中的数据（第8题、第15题）形成了鲜明的对比。

其次，对非连续性文本的阅读能力对考试成绩的提升作用师生均意识不足，只有不到三分之一的教师和不到四分之一的学生认可非连续性文本能力对提升考试成绩具有重要的促进作用。这个现象可以一分为二来看。一方面，这说明我们的教学中不以分数为唯一追求目标的评价机制已经对学生产生了很好的影响，有利于学生关键能力的发展和必备品格的塑造。另一方面，习题解答过程中的非连续性文本阅读能力也属于学生获取信息、解决问题的能力范畴。这需要教师拓宽非连续性文本的应用渠道，加强对学生的实际训练。

最后，关于学习非连续性文本意义的首位选择，教师和学生有很大的不同。87.1％的教师认为是“转变思维方式”，70.19％的学生认为是“提高阅读兴趣，提升阅读能力”。这说明教师更侧重于学生的思维能力、阅读能力等方面的提升和强化，而学生仍然把学习兴趣作为学习的主要驱动力。这与中学生的年龄状况及对应的心理特征相吻合。因此，教师在进行非连续性文本教学时，除了把握好非连续性文本的教学重点和知识特征，也要注意方式方法，采用科学的教学策略，提高学生的学习兴趣，吸引学生主动参与，达到预期的教学效果。

3. 化学图表类非连续性文本的应用情况调研

非连续性文本具有注意的功能。比起枯燥的连续性文本，学生在使用教材时理论上应该更容易关注到图表。图表类非连续性文本是重要的教学资源，是引起学生注意、培养学生非连续性文本阅读能力的重要素材之一。第 8 题的测试结果显示，75%的学生已经意识到了教材中的图表类非连续性文本所占的比例，但是，大部分学生只是简单地关注，没有进行深入分析，甚至有将近四分之一的学生基本没有注意到教材中的图表类非连续性文本。

而在第 10 题关于化学检测中图表类非连续性文本的习题得分情况的调查中，学生自我能力评价比较乐观，多数学生自认为得分率在一半及以上。这个情况与第 11 题的学生自我评价结果比较吻合，大部分学生认为自己比较擅长或非常擅长阅读化学图表类非连续性文本材料。

但是，在学生的图表类非连续性文本解题能力方面，教师与学生的观点差异较大。同样是第 10 题的判断，教师在对学生图表类非连续性文本题目的得分评价方面没有学生乐观。第 11 题的阅读非连续性文本的能力评价统计数据甚至显示出截然不同的意见。大部分教师认为自己的学生在阅读化学图表类非连续性文本方面的能力是“不太擅长”，这与大部分学生自我判断为“比较擅长”形成了鲜明的对比。究其原因，这应当与非连续性文本能力的考查评价方式有关系。目前，我国非连续性文本阅读能力的评价主要依靠考试来实现。考试作为一种量化工具，的确有简单快捷的优势。但是，学生对非连续性文本的特征和评价方式都不甚了解，所以在评价的标准方面就很模糊。相比而言，教师在考试评价方面比学生的经验要丰富。作为旁观者和实施评价者，教师的判断要更客观一些。

另外，尽管教师和学生意识到非连续性文本对于化学学习的重要性，并且有比较强烈的意愿去进行相应的学习，但是从第 15 题的统计数据中能看出，教师和学生在实践应用上与意愿仍然脱节。真正将图表类非连续性文本融入化学教与学实践中的教师和学生太少了。从调查结果可以得知，只有 45.16%的教师会经常将连续性文本和非连续性文本进行转化呈现，只有 23.58%的学生会经常这样做，14.91%的学生从来没有想到过或者应用过这种方法。由此看出，图表类非连续性文本进入化学教学尚未成为常态。图表类非连续性文本教学实践频率较低，教师和学生的参与度也远远不够。

4. 化学图表类非连续性文本教学中教师指导及学生接受指导的情况调查

在教学或者学习中实施图表类非连续性文本指导的课型方面，师生在第 16 题、第 17 题中反馈结果显示，几乎在所有课型的化学课堂中，化学教师都会使用非连续性文本来实施课堂教学。这与化学学科的特点有关系。但是，从普及率上来看，实施情况一般。即使是学生感觉使用频率最高的新授课的课堂，也只有不到 70% 的化学教师会利用非连续性文本来帮助学生进行课堂内容的学习。

将教师与学生反馈的信息比对后发现，在复习课的统计结果上，教师呈现的数据是 76.34%，学生呈现的数据是 56.60%，相差较大。这应该与教师、学生抽样样本的教学或学习经历的差别有关。参与调查的学生分布在高一、高二、高三三个不同的年级。只有部分学生具备以复习课为主的高三化学学习的经历，而大部分教师都具备多年的基础年级新授课和高三复习课的教学经历。所以在复习课所占比重方面，教师给出的数据比学生高应属正常现象。

另外，师生对在教学中经常实施指导和接受指导的图表类非连续性文本类型的判断方面，意见比较一致，教学过程中数据表格、图像、图文结合的内容是最常见的教学研究对象。这有两个原因。一个原因是面对这三种类型的非连续性文本，学生获取信息以及进行信息整合的难度较大，另外一个原因与化学考试的题型呈现方式有关系，即这三种恰是考试题型中最常见的非连续性文本呈现方式，从中能看出教师对于与考试相关的非连续性文本的阅读指导发挥了较大的作用。

第 10 题的统计数据显示，无论是教师还是学生，均认为大部分学生只能够拿到一半及以下的分数，能拿到满分的很少。阅读化学图表类非连续性文本的材料时，学生遇到的最大困难是什么？问卷第 13 题进行了调查统计。师生两方面排在首位的均是“信息太多，不知道怎么整合”。其次是“思维混乱，不知道从哪儿下手”。排在第 3 位的教师和学生反馈有差别。教师认为学生碰到图表类非连续性文本时，看到陌生情境心理上容易紧张，而学生反馈自己的问题更多的是“答案不完整”。教师和学生反馈的数据差别还表现在各项目比对上。本题中给出了五个明确的选项，其中教师数据有四项比学生明显要高，“陌生情境，心里慌张”一项数值差别更大。

上述统计能看出，不管哪个学段的学生，对图表类非连续性文本的题目不仅缺乏必要的信心，而且缺乏阅读策略和方法。因此，在教学中应该加强学生获取信息、整合信息的思路和方法的训练。思维习惯、思维品质和思考能力的提升反过来又有助于信心的提升。教师应清楚这项教学任务重要而紧迫。

第 18 题是关于如何提高化学图表类非连续性文本认知能力的调研。首先，在非连续性文本的认知渠道和来源方面，教师和学生都充分地表现出对教材的重视程度。大部分的教师和学生都认为教材应增加图表类非连续性文本。尤其在化学与生活相结合这方面，学生表现出更大的兴趣和需要。除此之外，无论是教师还是学生，均对教师的指导在教学过程中的作用给予了充分的肯定。但是在提升的方式方面，教师和学生在以下两项内容上的态度存在明显的区别：一是“学生自己通过查阅资料、求助网络等方式多学习”，二是“多训练图表类非连续性文本的习题”。这两种方法的认可度方面，学生的比例远远低于教师的比例。也就是说，学生对教师仍有比较大的依赖性，在学习上较多倚重于教师的指导。另外，在化学与生活结合这方面，学生继续体现出这个年龄段学习兴趣主导学习动力的特点，这也为教师的教学方式、教学策略和教学素材的选择提供了思路和启示。

第 2 节　访谈调查及分析

为了进一步获取第一手资料，本研究根据问卷调查的结果设计了师生访谈问卷进行追踪式访谈调查。

一、教师访谈

1. 访谈问题

（1）在接受问卷调查前后，您对“非连续性文本”这个概念的了解有什么不同？对于化学教材中的连续性文本和非连续性文本，您认为二者之间存在怎样的关系？请举例加以说明。（如果教师对连续性文本和非连续性文本概念不清，换一种问法：对于化学教材中的文字和图表，您认为二者之间存在怎样的关系？）

（2）在目前的教学中，您对化学图表类非连续性文本的重视程度怎样？为什么重视（不够重视）？对于化学教材和习题中出现的各种图表，您是否曾经做过归纳与分类？您是否对学生进行过不同类型图表的教学指导？您的具体做法是什么？

（3）在对化学图表类非连续性文本的阅读与学习中，学生感觉与哪些知识相关的内容难度较大？为什么？请举例说明。在对化学图表类非连续性文本的阅读与学习中，学生感觉哪种形式（图片、图像、表格等，或者定性、定量等）呈现的信息难度较大？为什么？请举例说明。

（4）您对学生获取和解读化学图表类非连续性文本信息的能力有什么样的看法？您认为存在哪些问题？主要原因有哪些？您认为有哪些方法能够强化学生这方面的能力？

2. 访谈结果

在对部分教师的随机访谈中发现，教师虽然对“非连续性文本”这个概念比较陌生，但是对教学中实际已经涉及的非连续性文本的内容比较熟悉。将非连续性文本的概念类型解释给教师听，教师会立刻联系自己的教学实际，列举出教材、练习册和生活中存在的非连续性文本的类型和实例。在利用非连续性文本加强教学的实践中，教师有能力迅速进行教学方案的设计。由此可见，教师对非连续性文本在化学教学中的应用价值还是很认可的，并且已经具备了一定的实践能力，这为本研究奠定了良好的基础。

大部分教师对化学教材和习题中文字和图表的关系有着较为清晰的认识，能意识到化学图表在化学教学中发挥着无可取代的作用，需要在教学中重视图表教学，但是对连续性文本和非连续性文本的概念比较模糊。就两者的关系而言，有的教师认为，化学图表是化学教材中文字叙述的一种必要的补充，可以表达文字所无法表达的内容，比如微观世界；有的教师认为用文字表达起来比较烦琐的内容，也可以用图表表示，比如实验装置，用图片表示出来一目了然；但是连续性文本在教材中是必不可少的。有些化学原理或者现象，如果单纯用图表表示，因内容的跳跃性、循环性、连续性，反而增加了理解的难度。但是，仍有部分教师认为化学图表仅仅是用来辅助文字的。

虽然教师认为图表类非连续性文本在化学教材中发挥的作用比较明确，但是在这方面的研究相对来说较少。虽然在平时常规教学过程中，教师们经常浏览或者查阅相关的图表等资料，思维导图、黑板板书、微课脚本等非连续性文本也是教师们最常用的有效教学的手段，但是几乎没有教师单独对化学图表进行过专门的归纳和总结。

在学生指导方面的教学更是缺乏力度。大部分教师会根据化学知识重难点，结合图表，帮助学生理解其中的信息。但是，这方面的指导具有明显的应试特点，即一般情况下只有在考题中出现了图表类的题型，教师才会引导学生，加强在图表信息处理方面的指导。

在对学生获取和解读图表信息能力的看法方面，参与访谈的教师均认为获取和解读化学图表类非连续性文本信息的能力是学生应具备的最基本能力之一。但就学生现状来看，绝大部分教师认为大多数学生此项能力普遍偏弱。无论是非连续性文本还是连续性文本，学生获取信息的能力都没有达到理想水平。在图表类非连续性文本的信息处理方面，这种不足更为明显。学生一般情况下只能从图、表、文等材料中提取直观、明显的化学信息，不能有效选择并提取出“隐性信息”，更不能将获取的信息转变加工成试题答案，在信息的解读过程中也容易出现错误。更令人担心的是，多数学生对这一能力的培养并不重视，缺乏这方面能力培养的主动性和紧迫性。大部分教师认为提升学生图表能力的最有效方式是习题训练。

二、学生访谈

考虑到高一学生刚开始接触高中化学，对高中化学的知识了解较少，而高三学生面临高考，精力和时间有限，所以本研究从高二学生中取样，采访了六名化学成绩处于优、中、差不同层次的学生，分别从对化学图表类非连续性文本的认知程度、喜爱程度、开发和使用情况、教学建议等方面进行了深入的访谈。

1. 访谈问题

（1）在进行本次问卷调查之前，你听说过非连续性文本的概念吗？语文老师提过这个说法吗？

（2）在你听说了非连续性文本的概念解释之后，你认为在化学学科中，排在第 1 位的非连续性文本的来源是什么？

（3）你认为在化学学科的学习中，我们有必要加强非连续性文本的学习吗？或者说，加强非连续性文本的学习对我们化学学科的能力提升有帮助吗？

（4）在高中化学非连续性文本的学习中，你认为有哪些简单易行的方式可以帮助提升我们的非连续性文本的应用能力？

2. 访谈结果

对学生的访谈调查结果进行分析，可得出以下结论。

（1）在本研究之前，受访的学生对非连续性文本的概念不是特别清晰，阅读和使用非连续性文本的能力也有待于提升。但是，学生能意识到非连续性文本在化学学习中的作用和价值，并且抱着积极的情感态度，具有强烈的应用意愿。

（2）在化学学科的非连续性文本方面，学生接触的来源很多，其中教材和试题是最常见的两种形式。教材是非连续性文本的一个重要来源，学生对其关注和利用程度不足。

（3）在“对学习和应用非连续性文本的建议”中，学生提出了两个强烈要求，一是建议教材中增加非连续性文本，二是建议教师增加针对图表题目解题规律的指导和训练。

三、阶段性检测中不同文本试题学生得分比对分析

本研究选取了2018级高一学生在高中学段化学的第1次检测试卷和成绩作为研究对象。试题的出题范围为必修1第1章和第2章。高一学生刚进入高中两个月，化学知识所学不多，试题难度不大——以合格考难度为基准。该试题以连续性文本呈现信息的方式为主，只有第15题和第17题涉及非连续性文本的信息。

结果发现，无论是第15题的选择题还是第17题第2小题的实验题，得分率均远远低于同题型的其他题目。以第15题为例，在参加考试的所有学生中，整体平均得分1.35分，得分率45.0％，远低于连续性文本形式的其他选择题78.1％的得分率。12个班级中，高一（1）、（3）、（4）、（5）、（6）、（7）、（8）、（9）、（11）共计9个班级此题得分率在15个选择题中最低，其余3个班级此题得分率在所有选择题中居于倒数第二。这说明高一学生对非连续性文本的阅读和应用能力有待于提升。但在问卷调查环节，学生对非连续性文本题目完成的自我评价感觉良好，说明学生对非连续性文本的认知仍然比较浅薄，仅仅停留在信息呈现的形式层面。

四、关于化学图表教与学的现状分析

1. 优点方面

（1）教师和学生对化学学科中图表信息能力培养的作用，都给予了很高的评价。师生均认为，图表信息能力培养，有利于个体理解和掌握化学知识和规律，提高解决化学问题的能力。此外，化学学科中图表信息能力的培养对提高学生化学学习兴趣和生活能力也具备一定的影响。教师和学生对化学图表教与学有较强的信心，师生愿意加强这方面的教学与学习。

（2）教师和学生对化学学科中图表的作用有比较客观的认识。大多数教师能够意识到图表在说明化学反应规律和反应原理方面简洁明了、信息量大、微观

外显等教学功能。

2. 存在问题

（1）教师和学生对图表信息能力的培养重视不足。教师对化学图表的概念和分类不清楚，并且没有思考此类问题的意识；学生主要是受到教师教学的影响。有教师指导就练，没有教师指导，这方面的训练就成为空白。

（2）学生获取和解读化学图表信息的能力整体偏弱。从试卷答题情况来看，关于图表类习题的解答，学生从题目中获取的信息往往不够全面，或者不能正确描述和分析信息。首先，有效信息不能完整全面地从题目中被学生提取、解读和归类，所以学生不知道题目所给信息有什么用、怎样用。其次，如果学生没有能力对信息进行准确解读，就更没有能力对信息进行准确、恰当的描述，从而导致其解题错误或答题不完整。

（3）训练方式单薄。教师很少研究课堂教学策略，也缺乏必需的教学手段。目前这方面的训练大多数是通过做题来进行的。教学中根据不同化学内容采用不同的教学资源、采取不同的非连续性文本的教学策略研究几乎是空白。即使在习题训练中出现了错误，教师也很少思考学生出现问题的原因，只是根据已有经验，直接告诉学生正确的做法或者固定的模板，而没有挖掘学生出错的深层次原因以纠正学生的错误思维。

五、学生获取和解读化学图表信息能力存在问题的原因分析

要想改变高中学生获取和解读图表信息能力较弱的现状，我们需要找到产生问题的真正原因，才能从根本上解决问题。

1. 化学基础知识掌握不牢

基础知识不牢使学生缺乏调用化学知识的牵引力，这是影响学生图表信息能力培养的关键因素之一。核心素养思想指导下的试题综合考查学生的基础知识、基本能力以及利用已有认知、结合情境解决问题的能力。但较多的学生过多地注重解题技巧的训练，忽略了对化学基础知识、基本原理、规律的系统学习，没有形成完整的化学大概念框架，答题时易导致知识混淆或者不能实现迁移应用。

2. 连续性文本的阅读能力欠缺

从心理学的角度看，化学阅读过程是一个理解化学语言、符号和图表的心理过程，也是以逻辑思维阅读、符号阅读、图表阅读为基础的信息接收和加工过程。通过整合重组准确地将信息融入心理感知的过程中，这种基本技能直接影响学生对化学思维方法和化学知识的理解和掌握。而阅读技能的训练素材同时来自

连续性文本和非连续性文本。不管是什么阅读方式，都要以信息的接收编码为基础，经过信息加工过程、模式识别过程，根据已有信息建构内部的心理表征，进而获得心理意义。所以，关于连续性文本和非连续性文本的阅读能力在很多方面都有共同的基础，存在相通之处。

但是，对学生来讲，对于促进阅读过程中字词解码、词义提取、语句整合至关重要的陈述性基础知识大多来于连续性文本。连续性文本在训练中占据了很大的比重。学生在连续性文本的阅读训练中掌握了阅读的技能，形成了阅读的能力，然后由单一到多元，由简单到复杂，循序渐进地有序提升，有助于非连续性文本的阅读能力的提高。

另外，根据材料提供的信息进行语义转换和分析是阅读理解的关键。学生如果连续性文本阅读能力不足，不会审题立意，在阅读时抓不住主干，找不到关键，不明确题目已知什么、要求什么、出题的意图是什么，那么一定会影响非连续性文本的阅读思维。

3. 没有掌握正确的获取和解读化学图表类非连续性文本信息的方法和途径

化学图表类非连续性文本信息的呈现有不同的形式，每种形式有其对应的特点。获取和解读化学文字、图像和表格信息需要使用一定的方法和技巧。比如，阅读思维导图，个体首先需要抓住主干了解主题，然后围绕主题循着不同方向的线索细看导图中的具体内容，最后依照内容联系做出标记，快速、准确、全面地提取出有效信息。如果换作化学习题中的平衡图像题，那就需要另外一种读图方式了。

不同的信息承载体提取信息的方法和途径也存在差异。虽然化学图表可以浓缩化学信息，传递化学知识，解释化学现象，但是如果学生不懂得有区别地采用正确的方法，将会在图表阅读的过程中漏掉关键的信息，从而影响其判断。

4. 被动阅读的习惯造成了思维方式不灵活、知识迁移能力弱

化学图表类非连续性文本信息能力，最终体现为应用信息、创造信息的能力，即主动运用图表来解决实际问题的能力。这就要求学生不仅储备牢固的基础知识，还要有灵活的思维方式与良好的知识迁移能力。只有这样，学生才能在材料中提取出所需要的信息，明确解题方向，然后把所学知识与实际问题联系起来，举一反三。

学生知识迁移能力差有多种原因，其中一个很重要的原因体现在阅读上。很多学生无意识中养成了被动阅读的习惯。所谓的被动阅读，就是指外界强加

的、不以个人意志为转移的、被动获取信息的阅读。在被动阅读习惯驱使下,学生没有主动的意识、明确的目标,只是让书本牵着鼻子走,被动接收书本发送的信息。以"原电池的工作原理"为例,在教师的问题驱动下,有被动阅读习惯的学生常常先去寻找书中的结论,然后冥思苦想地理解结论。当发现教材中的信息难以同化时,就依赖教师提供的模型。在经历这样的信息阅读过程之后,学生往往只能达到简单模仿的水平,或者只能依靠结论或者模型解决表面问题。长期使用这种被动阅读模式,学生就易理解肤浅。久而久之,学生不仅形成了阅读障碍,而且知识迁移能力弱。

5. 非智力因素的影响

包括心理素质在内的非智力因素是影响化学思维能力培养的心理学理论基础之一。兴趣、情绪、性格、意志等非智力因素虽然没有直接参与知识网络在学生大脑中的形成,但是对思维能力的培养起到了促进或抑制作用。学生将化学图表作为学习工具或者载体的目的意识不强,考试时化学图表信息获取分值的能力较弱,学习兴趣低,缺乏自主学习的动力,学习过程中遇到困难或者挫折容易放弃等,都会对图表信息获取能力的培养产生消极影响。

六、对本研究的启示

本研究通过问卷调查、访谈调查,了解了教师和学生对化学非连续性文本的理解和认知情况,而且通过对阶段性检测数据的统计和比对,对高中学生的化学图表类非连续性文本的认知能力整体水平进行分析,逐渐明晰了目前化学图表类非连续性文本教学的问题所在。

根据前期开展和实施的师生问卷调查分析的情况和结论,本研究尝试从师生常用的化学教材着手,总结化学教材中非连续性文本的分类和特点,并对教材中的非连续性文本进行有益的补充或者替换,从而提升学生相关的阅读、设计和应用能力。

另外,调查结果启发我们将课堂教学设计作为第 2 个研究重点,根据化学学科特点,对化学不同类型的图表类非连续性文本教学提出切实可行的课堂教学策略,并将策略应用于教学实践。本研究根据不同的教学内容和教学策略,设计高中化学图表类非连续性文本的课堂教学典型案例,最后汇总形成化学教学资源库。

第 3 节　化学图表类非连续性文本的能力评价体系和能力提升训练方式

PISA 2018 测试成绩显示，中国参赛的四省市学生的阅读能力在 78 个参加测试的国家和地区中排名第 44 位。这个成绩继续反映了前期 PISA 测试中暴露出的中国学生阅读能力欠缺的问题。化学的学科特点决定了需要大量的非连续性文本信息作为教与学的载体，尤其是图表类非连续性文本。在化学学习中，学生的图表类非连续性文本能力体现在哪些方面，在教学中如何提升学生图表类非连续性文本的相关能力，成为摆在教师面前的一个严峻的问题。在这个问题的解决方法上，两方面的做法尤为关键。

一方面，提升学生图表类非连续性文本的相关能力，需要夯实学生的化学基础知识，拓展学生的化学背景知识。

Pearson（1983）通过实证研究发现，在阅读能力相当的情况下，相关储备知识丰富的学习者比储备知识较为缺乏的学习者在阅读理解的测试中具有更好的成绩和表现。

学生化学基础知识的掌握情况，对于非连续性文本的理解有很大的影响。基础知识牢固的学生对文本信息的阅读理解较为迅速准确。非连续性文本系统表述出来的显性信息容量有限，表达程度也不够充分。学生在阅读非连续性文本时，需要自己寻找、架构连贯的信息表征。在这个过程中，学生需要用到化学的先前知识，将新信息融入已有的知识结构中，准确弥补在读的非连续性文本表达方面的不足，更好地同化非连续性文本的信息。在化学试题中，面对元素化合物的推断、有机物的合成等题型，基础知识的掌握情况对能否顺利解答起决定作用。所以，教师在平时的教学中不能只专注于非连续性文本信息阅读的训练。非连续性文本信息阅读能力与化学基础知识的掌握情况息息相关。教学中教师宜采取听写训练、变式训练等措施，帮助学生对识记性内容查缺补漏，夯实基础。提升学生核心素养、注重学生能力培养并不代表着忽略强化学生的基础。化学方程式、元素化合物的性质等识记性内容的夯实并不过时，不应失掉这些教学方式原有的意义和价值。

另外，与学生先前知识相关的是化学背景知识。面对同样的新信息，具备不同角度、不同深度的背景知识的学生会产生不同的解读。想让学生解读信息更客观、更全面，就要帮助学生在平时学习中拓宽背景知识。这就要求教师在教学中注意创设学习情境,紧密联系现时代的生产生活、社会环境,让学生在真实的情境中展开化学学习。McNamara 和 Kintsch(1996)指出,即使通过非连贯文本去推断不清晰不明朗的相互关系,具有丰富背景知识的学生仍有能力对信息进行深层次的理解。

总之,高中学生的化学基础知识的掌握程度影响非连续性文本意义的建构,对化学背景知识的掌握情况影响非连续性文本意义的理解。因此,在指导学生进行非连续性文本阅读与加工时,不仅要关注到学生的先前知识,强化基础训练,帮助学生为进一步的信息整合奠定基础,而且需要拓展学生的背景知识,为学生进行非连续性文本的阅读奠定良好的知识基础。

另一方面,提升学生图表类非连续性文本的相关能力,需要科学采用系列措施,培养学生图表类非连续性文本信息处理能力。

学生在阅读非连续性文本的过程中,心理上一般需经历语言转换、信息提取加工、意义重整、模型建构、总结运用和反省修正六个过程。可以将这六个过程拆解为读取图表信息、分析图表信息、绘制图表、评价图表四个环节加以训练(见图 3-1)。

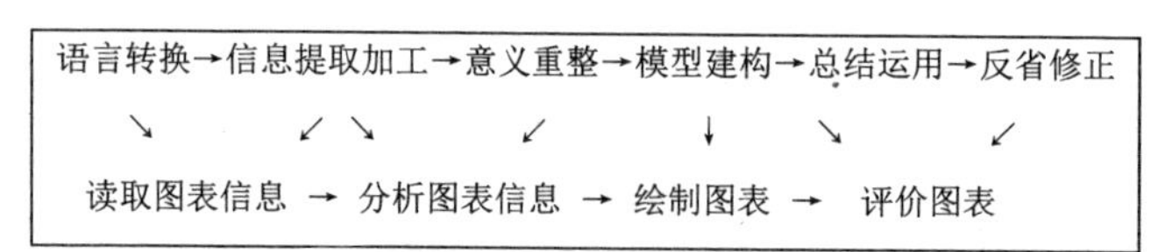

图 3-1 非连续性文本训练四环节

一、方法指导,提高学生读取图表信息的能力

学生在阅读非连续性文本时首先要通过语言转换实现意义的翻译,即把化学图表语言转换为相应的连续性文本语言和化学符号语言。学生必须熟知化学图表语言的内容、含义、特点、呈现和表达的方式,熟练连续性语言的组织、表达,理解各种化学符号形式的内在意义和性质,才有能力在化学语言、图表几种语言间实现自由对接和转换。

除此之外,教师在教学过程中应当注重学生读取图表信息方法的培养,帮助学生掌握基本的读图程序。苏联地理学家别尔良特(1991)将读图过程分为图 3-2 所示的初读、详读、解释三个阶段,给我们化学图表教学以很大的启发。

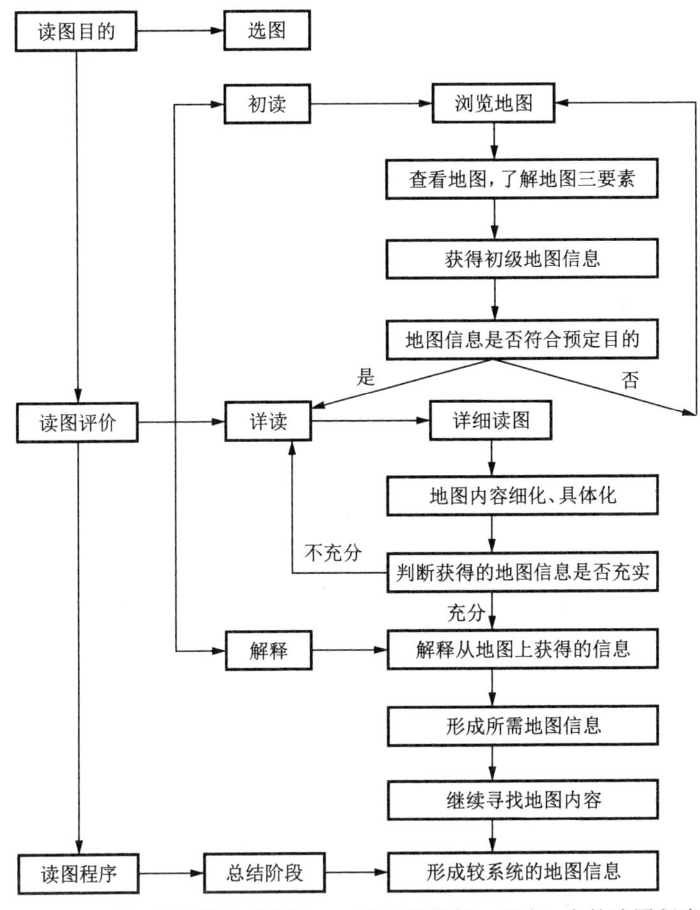

图 3-2 别尔良特著作《地图——地理学的第二语言》中的读图程序

图表类非连续性文本的意义可分为显性信息和隐性信息。在化学图表类非连续性文本信息读取中，初读环节可侧重于显性信息，详读环节可侧重于隐性信息。基于化学图表类非连续性文本系统的特点，本研究设计了如下读取图表信息的程序。

第 1 步：阅读指导语，明确图表表达的意义及读取信息的目标。

第 2 步：确定图表类型，初读图表，读取显性信息，如二维图中横坐标表示的物理量与纵坐标表示的物理量。

第 3 步：回扣题目要求，判断显性信息能否达到预期目标。如果不行，继续寻找图表中信息，尤其要全面挖掘隐性信息。

第 4 步：显性信息、隐性信息相结合，形成较为完整的服务于图表目标的系统性信息。

上述程序可用图 3-3 简略表示。

选图—指导语—明确目标
↓
初读—显性信息—解决问题
↓
再读—隐性信息—深度解决问题
↓
整合—指导语、显性信息、隐性信息—形成信息系统

图 3-3 化学图表类非连续性文本系统读取信息程序

现以苏教版《化学反应原理》第 49 页图 2-21 数据为例解释化学图表类非连续性文本信息读取的程序和过程。

首先，学生通过指导语的阅读，明确了本图系统的意义，寻求工业合成氨的可逆反应中氨气的物质的量分数与温度、压强之间的变化规律。然后，学生获取显性信息，比如三维坐标图的三个物理量。只要具备了基本的先行知识——数学的几何知识和简单的空间想象能力，学生比较容易判断出 x 轴、y 轴、z 轴分别代表了压强、温度和氨气的物质的量分数。很明显，这样的初读信息满足不了目标要求。

接着，学生需要分析三个物理量之间的相互关系。从本系统中的指导语可以看出，图中的压强和温度是自变量，氨气的物质的量分数是因变量。两个自变量中，只有预设其中一个保持不变，才能判断出另一个自变量与氨气的物质的量分数之间的关系。对应的数据及其变化是本图中的隐性信息。教师在指导学生读取图表中的信息时，应当注意将问题设置集中在隐性信息的挖掘方面。本图系统中教师只要帮助学生将三者关系的比较方法梳理到位，在不同温度和压强下合成氨中氨气的物质的量分数的变化规律就一目了然了。在教师“道而弗牵”的指引下，学生读取图表的能力也可顺势得到提高。

在化学图表教学的具体实施过程中，教师除了采用上述程序，还要结合教学方法和教学手段对学生加以指导，帮助学生养成用图表的习惯，培养学生读图表的技能。比如，对教材中的非连续性文本进行语言翻译，训练学生将其转换成连续性文本或非连续性文本形式。

二、渗透思路，提高学生分析图表信息的能力

学生进行了语言转换、图表信息读取后会发现，提出的显性信息和隐性信息经常处于无序状态或者缺乏逻辑关系。这就要求学生对图表中的有效信息在提取的基础上进一步加工，即进行意义重构。

这一环节需要实现两个目标。一是剥除表面现象，由外而内，去表达里，从上述信息中甄别和提取出有效信息和核心信息，剔除无关信息和干扰信息。二是将有效信息进行重新排列，有机组合，建立相互之间的逻辑意义，形成逻辑网络。最终，通过分析、归纳、整合，学生获得图表中非连续性文本所要表达信息的真正意义，寻求到问题的本质。

由此，可归纳出如下分析图表信息的思路。

第1步：整合图表显性信息和隐性信息，寻找相关物理量之间的关系，寻求它们的变化规律。

第2步：判断相关物理量的数值及表征对应的化学支撑理论，并将这种对应关系作为剔除无效信息、排除干扰信息、甄别有效信息和挖掘核心信息的依据。

第3步：用化学理论解释图表中的变化规律或者宏观现象，建立起有效信息之间的逻辑关系。

第4步：根据上述分析结果推测发展趋势，预测宏观现象、反应结果、数据变化、实际应用等。

例题　某温度时，$BaSO_4$在水中的沉淀溶解平衡曲线如图3-4所示。下列说法正确的是(　　)。

A. 加入Na_2SO_4可以使溶液由a点变到b点

B. 通过蒸发可以使溶液由d点变到c点

C. d点无$BaSO_4$

D. a点对应的K_{sp}大于c点对应的K_{sp}

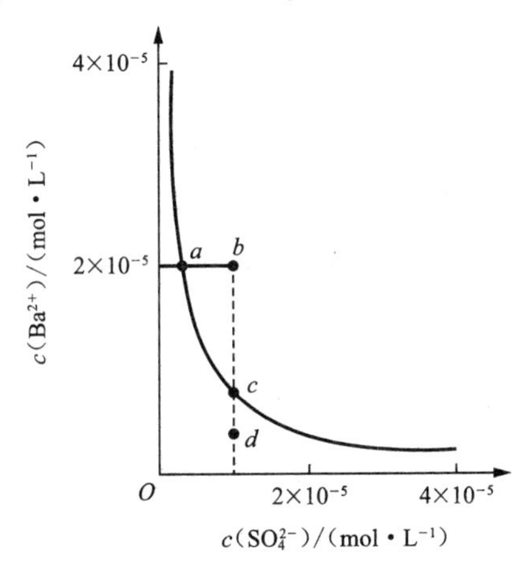

图3-4　分析图表信息例题

上述例题的解析思路如下。首先，学生阅读图像，分析出显性信息：图像给出的是硫酸钡沉淀溶解平衡中 $c(SO_4^{2-})$ 与 $c(Ba^{2+})$ 之间的关系；浓度单位采用的是 $mol \cdot L^{-1}$；随着 $c(SO_4^{2-})$ 的增大，$c(Ba^{2+})$ 逐渐减小；图中 a、b、c、d 有两个点在线上，其余两点分列曲线上下；横坐标给出两个数值 2×10^{-5}、4×10^{-5}；纵坐标给出两个数值 2×10^{-5}、4×10^{-5}……继续挖掘隐性信息可知，a、b 两点具有相同的纵坐标，即 $c(SO_4^{2-})$ 相同，可能需要学生根据相关理论判断 $c(Ba^{2+})$ 大小关系；b、c、d 三点具有相同的横坐标，即 $c(Ba^{2+})$ 相同，可能需要学生根据相关理论判断 $c(SO_4^{2-})$ 大小关系，等等。

其次，对上述信息结合理论进行分析。根据 $K_{sp}=c(SO_4^{2-})c(Ba^{2+})$ 可知，在其他条件不变的情况下，处于沉淀溶解平衡中的 $c(SO_4^{2-})$ 与 $c(Ba^{2+})$ 成反比；K_{sp} 数值大小只与温度有关；Q、K 大小关系可以帮助我们判断难溶物质是否达到沉淀溶解平衡以及平衡移动方向。与这些理论知识相联系，结合四个选项的要求，不难发现，第 1 步中提取的信息，浓度单位不属于核心信息，4×10^{-5} 是无效信息，a、b、c、d 四个点的 SO_4^{2-} 和 Ba^{2+} 在沉淀溶解平衡中的浓度关系、溶液蒸发时的离子浓度变化规律是核心信息。

再次，架构有效信息之间的逻辑关系。a、c 点处于沉淀溶解平衡曲线上，为硫酸钡饱和溶液。在 a 点中加入硫酸钠溶液，$c(SO_4^{2-})$ 增大，$c(Ba^{2+})$ 浓度减小，a 点会沿着曲线变化到 c 点。整个过程中温度不变，所以四个点所处位置的 K_{sp} 保持不变。由 d 点到 c 点，$c(SO_4^{2-})$ 不变，$c(Ba^{2+})$ 减小，所以 d 点为不饱和溶液，并且无法通过蒸发的方式使之变化到 c 点。

从此例题的信息分析过程可以发现，提高学生分析图表信息能力的一个有效方式是帮助学生梳理思路，提高学生信息分析的目标性和有效性。所以，在解化学反应速率和化学平衡的图表类题目时，大部分教师给出了“一面二线三点”的审题思路，就是基于这方面的考虑。本书第 5 章详细阐述了训练文本转换、渗透解题思路、构建思维模型等方法，并提供了具体的教学设计案例。

三、强化训练，提高学生绘制图表的能力

从读取信息到分析信息，再到通过绘制图表表达信息，学生的图表类非连续性文本能力逐渐提升。阅读图表和绘制图表之间既相互独立，又紧密联系。阅读图表是从非连续性文本信息到化学事实、化学概念的理解过程，侧重于对信息的提取、加工、内化；绘制图表是理解化学概念、化学事实后用图表进行表达，侧重于对信息的加工、外显和输出。

绘制图表能力的培养建立在阅读图表的基础之上。绘制图表时，学生先分

析信息,进行整合建构,然后用非连续性文本的形式呈现出来。在这个过程中,需要学生观察事物的外观特征,研究微观粒子的结构组成,围绕中心建构知识层次。建构时学生不仅需要选材组合,而且需要布局谋篇,既训练了其精确使用化学语言和符号表征的能力,又实现了其从思想到语言、从内部到外显、从部分到整体的转变。

反过来,绘制图表也能提高学生阅读图表的能力。因为学生利用非连续性文本表达化学思想和化学概念,无论对化学事实和概念的理解,还是对非连续性文本的特点,都会有更深刻的体会,从而在其后阅读文本的过程中更容易利用非连续性文本的语言特点,抓住文本中的化学核心信息,合理加以利用。

教师在教学过程中可以训练学生绘制以下内容以提高学生绘制图表的能力。

(1)实验仪器、实验装置、实验现象等;

(2)用符号、图像等形式描绘对微观世界的认识;

(3)用思维导图或者思维模型表示对化学理论或者化学知识结构的认知;

(4)用线条、箭头等非连续性文本构成要素绘制或者补充图像或者表格,推测或者预测化学事实的发展趋势。

四、辩证思考,提高学生评价图表的能力

在上述几个过程中学生若能同步坚持反思,客观质疑,综合应用,就会逐渐提升评价图表的能力,培养辩证思考的态度和批判思维的精神。学生对图表的评价,一般从以下三个角度进行。

1. 根据非连续性文本表达的信息内容与不同类型图表的特点,判断已有的图表类型(柱状图、折线图、表格等)是否采用得当

恰当的图表形式能充分发挥不同类型图表的功能,准确表达内容,提高学生获取信息的便利性和精准性。因此,对比分析情况下我们常采用表格形式或者柱状图、二维图、三维图,建构模型情况下我们常使用流程图或者网状图,展示知识结构我们常使用思维导图或者树状图等。

2. 应用掌握的化学知识判断图表中表示的化学信息是否符合客观事实,即判断图表中的化学知识是否科学

图3-5是学生绘制的硫酸溶液中存在微粒的图片。两张图片中均采用了离子符号表示硫酸完全电离的情况,但是左图中学生忽略了氢离子与硫酸根离子之间的定量关系,右图中学生忽略了溶质和溶剂之间的数量关系。对化学知识

科学性评价的准确程度，能检验出学生的思维深度；对化学知识科学性评价的全面程度，能检验出学生在大概念视域下对化学微粒观、元素观、转化观的建构情况。

图 3-5　学生绘的关于硫酸溶液中存在微粒的图

3. 判断图表表达的信息要素是否得当

主要判断以下几方面：表征的物理量是否以目标为中心，无效信息和干扰信息在图表中是否较少甚至没有，有效信息是否陈述清晰、覆盖齐备，核心信息是否突出易懂。

化学习题中关于图表评价的考查题型最常见的是判断题，要求学生对已有的图表进行判断，若有错误需要改正。我们可以训练学生形成以下思路：首先，明确目标，提取信息，甄别信息；其次，排除干扰，采用定一议他法，捋清图表中定性描述、定量数据与理论之间的关系；最后，综合分析，得出结论。

化学图表能力评价体系见表 3-2。

表 3-2　化学图表能力评价体系

一级指标	二级指标	描述
读取图表信息能力	获取显性信息	学生能读出化学图表中主要且明显的化学因素，如图表指导语、坐标轴物理量、表头、变化方向、数据大小
	获取隐性信息	学生能根据已读的显性信息，挖掘隐含在图表中的其他信息，如根据显性信息寻找出两个及以上相关因素之间的关系、某个显性因素隐含的含义等
分析图表信息能力	分析化学事实、特征及相互联系	学生能总结出图表中化学事实的特征，寻求出本质，寻找到相关要素之间的定性、定量关系
	解释宏观现象、变化过程的机理及其原因	学生能正确解释图表中的化学宏观现象，用化学语言描述反应机理，解释反应的原因
	预测未知情景中相关物理量的发展趋势	学生能通过对已经读取的图表信息的分析、加工，推断或者预测相关物理量的发展趋势

续表

一级指标	二级指标	描述
绘制图表能力	客观描述宏观事物特征的绘制能力	通过对实验现象等客观事实进行观察，获取感性知识和印象，用图片进行客观描述
	用化学符号外显微观世界的能力	学生结合化学符号用特定的图像、图画、示意图等形式来表达有关物质的微观组成、微观结构、微观粒子的运动以及它们之间的相互作用或反应机理等微观属性在头脑中的认知和反映
	用图或者表的形式表示或者完善某物理量的变化、不同物理量之间关系的能力	学生能够列表汇总分析数据；绘制树状图或者思维导图、模型等，用正确的化学术语表示对化学理论或者化学知识结构的认知；利用直角坐标系绘制二维图、三维图，用线条、箭头等非连续性文本主要构成要素推测或者预测化学事实的发展趋势
评价能力	判断采用的图表类型是否得当的能力	根据非连续性文本表达的信息内容与不同类型的图表特点，判断已有的图表类型（柱状图、折线图、表格等）是否得当
	判断图表中化学信息是否正确的能力	应用掌握的化学理论知识判断图表中表示的化学信息是否符合客观事实
	评价图表中化学信息表达是否得当的能力	学生能判断图表表达的要素信息是否得当：选用物理量是否正确，无效信息和干扰信息是否精简，有效信息是否齐备，核心信息是否突出

本课题以上述图表类非连续性文本的信息能力的培养为目标，在本节研究的基础上，还研究了针对不同化学模块知识、使用教材等教学资源和使用板书等教学手段，如何提高非连续性文本教学的有效性。具体研究成果在下文中陈述。

第4章

非连续性文本与化学理论知识教学

第1节　化学理论知识的功能价值

化学是在原子、分子水平上研究物质的组成、结构、性质、转化及其应用的一门基础学科，其特征是从微观层次认识物质，以符号形式描述物质，在不同层面上创造物质。因此，原子、分子是化学学科的研究对象，认知物质、描述物质和创造物质是化学学科的本质特征。在其本质特征前面的“微观”“符号”“不同层面”等限定词，是对化学特征科学、准确的描述。这是在哲学本体论层面对化学学科与其他学科区别的一种本原性认识。

毕华林和刘冰（2001）根据化学学科的特点，结合加涅的学习结果分类理论，把化学知识分为5种类型：事实性知识、策略性知识、技能性知识、理论性知识和情意类内容。其中，理论性知识是指与化学理论密切相关的概念、原理、规律等内容，也即理论知识。本节重点关注化学学科中理论知识的特点，研究非连续性文本在高中化学理论知识教学方面的应用。

一、化学理论知识的功能价值

理论知识把零散的事实性知识按照内在规律组合成完整的结构系统，帮助学生从本质上认识物质的微观结构和宏观变化规律。在化学学习中，理论知识承担着揭示规律、体现本质、解释现象、预测未知等功能。如果说知识是能力的载体，那么理论知识就是加速学生能力提升的催化剂。学生只有掌握了化学理论知识，才能掌握化学现象的本质和规律，才能触类旁通，实现主动建构和知识迁移。

作为化学学科能力内涵的重要构成部分，理论知识中所存在的学科思想不但能帮助学生更加全面地认识物质、反映物质、理解实质，而且有利于学生科学方法的养成，帮助学生有效构建化学知识体系，从而更好地应用化学。

另外，它还指导学生探索物质性质的研究，承担着培养学生化学学科核心素养的重要功能，是学习化学的重要工具。化学学科的核心素养——宏观辨识与微观探析、变化观念与平衡思想、证据推理与模型认知、科学探究与创新意识、科学态度与社会责任等，无一不在化学理论知识的建构方面找到了落脚点。

二、化学理论知识的特点

化学学科的特点决定了化学理论知识的特点：抽象性、概括性和进阶性。

1. 抽象性

能体现出微观表征和符号表征特点的化学内容，都不是能够直接观察得到并且直接描述清楚的，如电子云模型、微粒间作用力、原子结构、化学键、化学反应原理。这些知识的学习，必须通过抽象思维的过程来加以想象、理解，才能掌握规律，指导宏观性质的判断。

另外，化学理论知识在学科教学中的作用发挥，主要通过理论生成和理论应用两个途径。无论是学生借助宏观现象来认识、生成化学理论，还是应用已有理论来认识物质的宏观性质或者推测未知理论，都体现出分析推理、逻辑判断、归纳总结等过程中抽象思维对化学学习的重要性。图 4-1 体现了宏观、微观、符号的教学思想。

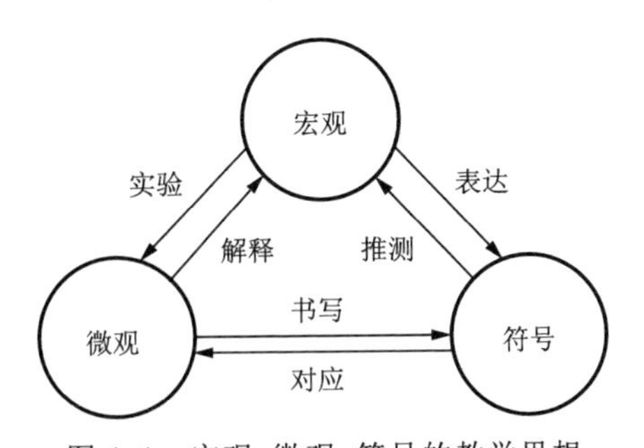

图 4-1 宏观、微观、符号的教学思想

2. 概括性

化学理论知识是科学家们在大量实践和研究的基础上，用尽可能精炼的文字完成的对化学现象的解释或对化学原理的描述。高度的概括性体现了化学理论知识的浓缩和升华。大多数情况下，简短的一段话甚至几句话中凝聚着大量的学科知识，蕴含着丰富的化学思想。

以元素周期律为例，短短的一句话中不仅揭示了100多种元素在结构、性质等多方面的周期性变化规律，而且对于将来未知元素的发现，也提供了一定的指导和预测的线索。

3. 进阶性

化学教学中要注意用进阶和发展的视角审视同一理论知识在不同的学段中体现的功能和价值。以化学平衡理论为例分析，在必修阶段，学生只需要知道化学平衡的基本含义，理解化学反应达到平衡状态的判断标准，了解化学平衡移动的原理。到选修阶段，学生就需要在不同的具体对象体系中运用一般性的化学平衡理论来解释特殊体系中的化学平衡现象，比如弱电解质的电离平衡、盐类的水解平衡、难溶电解质的沉淀溶解平衡，还要会判断和解析化学平衡移动问题。

只有认识到化学理论内容的不同发展进阶，才能理解理论知识在不同阶段对培养学生化学核心素养的独特贡献。必修阶段的化学平衡理论，主要是为了发展学生的“变化观念和平衡思想”。到了选修阶段，学生通过研究水溶液中微粒之间的相互作用，在原有基础上发展“宏观辨识和微观探析”的素养。学生通过对水溶液中平衡规律由定性转向定量的探究，进一步构建解决水溶液体系问题的思路模型，进而发展“证据推理与模型认知”的素养。

三、非连续性文本在高中化学理论知识表征方面的承载功能

根据知识内容的不同以及呈现方式的需要，非连续性文本在高中化学理论知识方面承载了以下几种功能。

1. 对比功能

对于信息量较大并且容易发生混淆的理论知识，可采用非连续性文本的形式进行对比。这种形式的信息呈现方式有利于帮助学生辨析异同，抓住区别和联系，从而明确本质。

2. 关联功能

关联功能通常由关系图、网络图或者思维导图来体现。这些类型的非连续性文本的呈现，可把关联概念之间的相互关系密切地联系在一起，从而改变孤立的、零乱的形式，形成完整的、系统的知识网络，便于学生掌握。

3. 概括功能

化学核心素养中模型认知对学生的要求是“能认识化学现象与模型之间的联系，能用多种模型来描述和解释化学现象，预测物质及其变化的可能结果；能依据物质及其变化的信息建构模型，建立解决复杂化学问题的思维框架”。化学思维模型从信息组织、模式建构到信息再提取的过程充分地体现了非连续性文本的概括功能。模型的形成、完善，将并列关系、递进关系、因果关系的内容高度融合在一起，形成系统完整、简洁明了、重点突出的理论知识体系。

4. 直观功能

图表具有直观地表达信息的功能。对于化学学科的宏观、微观和符号的三重表征，即使是最具象的宏观表征，通过图示的形式进行展示，也有利于学生更直接地接收信息、理解指令。教材中就存在很多典型的图表类非连续性文本系统，系统中包括指导语、实验操作的图片、对应的化学语言符号。同样，这种直观功能应用在化学微观表征方面表达效果更为生动。

第 2 节　非连续性文本在高中化学理论知识教学方面的应用策略

根据高中化学理论知识的特点以及非连续性文本的功能，在教学设计方面，非连续性文本可以帮助我们实施以下教学策略。

一、设计数据表格，采集数据图表

现代化教学手段在带给我们教学便利的同时，对于学生信息读取的能力也提出了更高的要求。各种传感器的使用大大地方便了我们记录、汇总、读取实验探究结果。利用手持技术测量、传递出来的图像常常成为我们教学设计中逻辑推理或者理论验证的有效载体和证据。

除了直接采集到的数据信息，教师也可以根据教学内容自行设计数据表格，提供证据支持。比如，在对学生氢键的学习指导中，教师可以参照文献，设计出对比表（见表 4-1）。

表 4-1　三种作用力的强度数据对比

类型	化学键键能	范德华力	氢键
强度	一般在 100 ～ 600 $kJ \cdot mol^{-1}$	一般在 2 ～ 20 $kJ \cdot mol^{-1}$	一般不超过 40 $kJ \cdot mol^{-1}$，比范德华力大些

在氢键教学中，通过对同主族元素氢化物沸点的比较，利用真实数据情境展

开教学，学生更容易关注到氢键对物质影响的反常现象。在学生分析三种物质反常高沸点的原因时，教师可以继续提供包括以下信息的数据图表：同一主族元素的半径、第一电离能、电负性、氢化物的熔沸点、氢化物相对分子质量等，培养学生大胆假设、勇于探究的精神以及资料整理、数据分析的能力。最后，利用化学键、范德华力和氢键的强度数据比较表，学生更容易感性地体会到三种作用力的强弱，顺利分析出这些作用力对物质性质影响的本质原因。

二、描画抽象图形，外显微观本质

物质结构是理论知识中的重要内容，其显著特征是微观性。微观性也是化学学科呈现的重要表征之一。要将这些抽象的微观内容进行宏观外显，我们有较多的手段可以帮助实现，比如实物模型。但是，实物模型存在携带困难等诸多限制，并且对于蛋白质等比较复杂的分子结构，用实物模型展示起来比较困难。信息技术帮助我们解决了这一问题。智慧课堂中的很多技术，可以帮助我们实现传统课堂无法完成的事情。物质微观结构可以采用教学软件模拟呈现。但是，从另外一个角度讲，教学软件模拟图像虽然降低了抽象思维的要求，但是提高了学生对非连续性文本的看图能力和空间想象能力的要求。

学生微粒观的培养，也是对学生“微观探析”核心素养培养的重要组成部分。教师可以采用微观示意图使学生在某一理论方面的认识外显。比对分析图4-2中的两张图片，明显能看出，画第1张图的学生，对于盐酸溶液中微粒的种类和不同微粒之间的数目关系都不是特别清楚，说明这名学生尚未掌握电离的概念和种类，并且定量意识不足；画第2张图的学生对于盐酸在水溶液中电离的掌握情况，无论是从定性还是从定量方面，都比第1名学生要好。但是，电离方程式的欠缺说明学生在用化学语言对理论进行描述方面还有待于加强。描画抽象图形，有助于教师探查学生的认识情况和掌握程度，更加清晰地了解学情，制定更加合理的目标，安排后续有针对性的教学设计。

图4-2 学生描画的盐酸微观示意图

三、抓本质,找规律,总结理论模型

培养学生模型认知的素养重在培养学生的思维方式,帮助学生找到分析问题的角度,梳理分析推理等思路。这一培养过程可以按照如下步骤进行:首先,引导学生认识理论,理清理论的结构特点和组成要素;然后,指导学生建立模型;最后,启发学生利用模型进行陌生情境的分析和陌生问题的解决。

在实施过程中,教师的教学方法可以多样化。教师可以通过不断追问的方式,将学生的思维路径充分外显,最终形成一个动态的、鲜活的、具有推论功能和价值的认识模型。教师还可以采用如下教学思路:理论预测→实验探究→证据推理→分析总结→应用模型,指导学生从科学的认识角度对化学现象的本质和规律做合理的解释说明。上述种种教学设计,可以引领学生自主地建构、完善并且应用模型。

理论知识模型建构,可分别从化学的符号、宏观、微观三个维度进行,分为建构理论思维模型、宏观实验装置模型和微观粒子模型(见图4-3)。根据对应的理论知识,建构的模型不一定是单一的,可以选择上述模型中的一种或者多种。三种模型在建构的过程中也可以交替进行,相互对应,不断完善,这样就可以实现把复杂抽象的理论知识形象化,把思维问题解决的过程可视化,从而实施高认知的课堂。

理论知识模型
- 理论思维模型
- 宏观实验装置模型
- 微观粒子模型

图4-3 理论知识模型种类

四、用“问题串”式连续性文本、“问题组”式非连续性文本设置探究驱动

高中化学的概念教学中,教师如果采取直接讲述的方式,学生被动接受,课堂中就缺少思维的碰撞和互动。但是如果根据预设的教学目标,把教学内容改装成一系列看似独立却彼此联系的问题,学生就能由表及里、由浅入深地把握住整节课的主线和思路。

实现理论知识的拆解分析,可以利用并列式的非连续性文本问题组,也可以利用进阶式的连续性文本问题串。问题串和问题组有利于调动学生的课堂参与积极性,促进学生主动参与概念生成和建构,实现对化学理论知识的深层理解。

并列式的问题组中,子问题的地位等同并列,有助于学生从不同的侧面和角

度学习;各问题之间相互补充完善,有助于学生形成对概念的整体认识。比如,对元素周期表结构认识的两个常见问题:元素周期表中有多少横行?元素周期表中有多少纵列?这样非连续性文本形式呈现的问题探究就不存在先后顺序问题。再以原电池中粒子的移动方向的复习为例,教师可以按照电子的移动方向→电流的方向→阳离子和阴离子的移动方向这样由本质到宏观现象的思路,也可以逆序按照由宏观现象到本质的思路设计问题串。

所谓进阶式的问题串,就是前一个问题是后一个问题的基础和前提,而后一个问题是前一个问题的发展和补充。按照问题串牵引的思路,学生逐渐自我建构起有关的理论知识体系。问题串中的每一个问题都能成为学生逐渐深入的思维阶梯,最终触及事物的本质,形成具有一定层次结构的知识链或者知识网。

在这方面教材给我们做了很好的示范。鲁科版《物质结构与性质》教材中第2章第1节“共价键模型”一节,设计了如下“交流·研讨”任务:“你已经了解到水分子的化学式,之所以用 H_2O 表示,是因为氧原子有两个未成对电子,它们分别与氢原子的一个未成对电子配对成键形成水分子,那么由氮原子构成的氮分子的结构又是怎样的呢?为什么氮气非常稳定,不易发生化学反应呢?”

而在“方法·导引”一栏中,教材设计了问题串帮助学生搭建思维台阶:要回答“交流·研讨”中的问题,首先,要了解氮分子是由几个氮原子构成的;其次,要知道在氮分子中究竟存在几个共价键;再次,如果说氮分子中存在三个共价键,则要了解这三个共价键是否完全等同。只有确定了氮分子的结构,才能分析氮气化学性质非常稳定的原因。进阶式问题串的设计,体现出在不同维度、不同学情的基础上理论知识探究的逐级加深和提升。

巢宗祺(2012)指出:“非连续性文本的实用性特征和实用功能十分明显,学会从非连续性文本中获取我们所需要的信息,得出有意义的结论,是现代公民应具有的阅读能力。”非连续性文本在高中化学理论知识教学方面的应用,符合化学理论知识的特点和核心素养培育目标的要求。如何培养学生在化学理论知识学习方面对非连续性文本的阅读能力和应用能力,丰富他们获取信息、应用信息、加工信息的体验,需要我们不断地探索。

第3节 学习进阶视域下的“原电池的工作原理”教学设计

本节以“原电池的工作原理”的教学设计为例,列举出非连续性文本在理论教学中的应用。本书在分析了学生必修阶段认知情况的基础上,对“原电池的工作原理”选修教学从情境线、探究线、思想线和素养线四个方面进行能力培养的进阶设计，阐述了核心概念进阶教学的三个阶段、三个要素和三个目标。

一、教学主题内容及教学现状分析

1. 教学主题内容分析

高中鲁科版教材中“原电池的工作原理”的内容体现在必修2与选修4中。必修阶段侧重于让学生理解基本概念、基本原理和装置组成。通过学习，学生能认识到化学反应中能量转化的基本形式，根据简单的原电池模型了解化学能是怎样转变成电能的，知道常见的化学电源的种类及其应用。选修阶段则侧重于工作原理及其应用，主要目标是加深学生对电池工作原理的认识，建立起电化学的思维模型，并且了解电池科技的最新发展动态。

根据教材分析和课标要求，本书对“原电池的工作原理”的学科能力构成分析如下（见表4-2）。

表4-2 “原电池的工作原理”的学科能力构成

学习能力水平（↑）		
迁移创新	创新思维	设计方案，解决生产生活中的实际问题
	系统探究	选取材料，设计新型的复杂电池装置
	复杂推理	分析陌生的复杂电池装置及其反应原理，说明各个装置要素的作用
应用实践	简单设计	能对装置要素进行选择和替换，设计简单的原电池装置
	推论预测	判断原电池的组成装置，预测相应现象，分析电极反应
	分析解释	能解释原电池产生电流的原因。针对电池反应中的实验现象，做出解释，书写对应的电极反应
学习理解	说明论证	能说明简单的原电池装置的工作原理，理解原电池装置的构成与原理之间的关系
	概括关联	说明氧化还原反应与电极反应、电池反应之间的关系，建立原电池装置维度的模型
	辨识记忆	能辨识简单的原电池装置，知道原电池的基本构成条件

从以上分析可以看出，学生在“原电池的工作原理”的学习上，需要经历知识进阶、思想进阶和素养进阶的发展。教学设计也应当具备相应的进阶性，才能

与学生的发展规律相吻合。

2. 教学现状分析

在必修的学习中，铜锌单液原电池作为一个具体并且简单的化学电源模型，使学生易于接受原电池原理。但也正是因为模型过于单一，实物的表象特征过于集中，原电池的本质特征容易被掩盖。

在访谈调研中发现，首先，学生容易混淆电极反应物、电极材料、电解质溶液之间的关系，错误地认为电极材料、电解质溶液一定参与氧化还原反应。其次，学生对于溶液中微粒运动的原因认识模糊，只是肤浅地记住了“阳离子移向正极、阴离子移向负极”的结论。再次，学生缺少分析和设计电池的基本角度和思路。举例来说，在对氢氧燃料电池等新型电池的分析中，学生仅能机械地套用正负极上发生氧化还原反应的相关结论，对原理缺乏深入理解，甚至有学生认为，只有在燃烧时氢气与氧气才会发生氧化还原反应生成电流。

分析学生出现的上述问题不难看出，尽管必修中对学生已经进行了证据推理和模型建构的训练，但是由于被所谓的考点和热点所绑架，学生对于原电池模型的理解方式变成了一种僵化的机械记忆。基于肤浅认知的思维定式使学生在训练过程中无法摆脱以学科知识的获得为核心的学习方式，逐渐形成并累积了较多的迷思概念。究其原因，仍是教师在课堂教学中对能量观、微粒观及变化观等化学基本观念构建的忽略和核心素养培育意识的欠缺。

进阶学习指出，学生对核心概念的接受理解、应用实践和发展创新需要经历不断完善、逐渐深入的过程。教师设计学习进阶视域下的核心概念教学时，可将达到终极水平的过程分为几个台阶，将教学内容以符合学生认知规律的方式递进呈现给学生，引导学生将新知识合理纳入原有的认知结构中，帮助学生纠正相异构想，实现对事实、原理等的深度理解。本教学设计根据此指导思想，为学生搭建起脚手架，将原电池的知识内容、逻辑关系、培养目标成梯度地逐级呈现，帮助学生在完成不同阶段学习任务的过程中进阶成长。

二、设计思路

本节课通过知识进阶、思想进阶和素养进阶教学，建立起指导学生分析和解决电池问题的思维支架，实现学生的进阶发展。4 条线索贯穿其中（见图 4-4）。

第 1 条是情境线，本节课通过对加水汽车新闻进行真伪辨别，辅以实验、汽车模型、前沿科技等情境，将学生带入真实问题的解决过程中。第 2 条是探究线，本节课将利用三个氧化还原反应设计电池作为驱动性任务，探求利用不同状态的反应物(溶液和溶液之间、固体和溶液之间以及气体和气体之间)设计原电池的方法。从原电池装置的初始设计,到后面对其进行微型化和高效化等方面的完善,最终投入生产,这一过程体现出电池在理论突破、材料创新、模组开发等方面持续不断的创新发展。另外两条是思想线和素养线。伴随真实情境的问题解决,通过深入研究,不断突破,学生不仅获得从宏观到微观、从个体到系统、从片面到辩证、从具体到抽象的化学思想的进阶发展,而且在不同探究活动中获得对应素养的进阶发展。

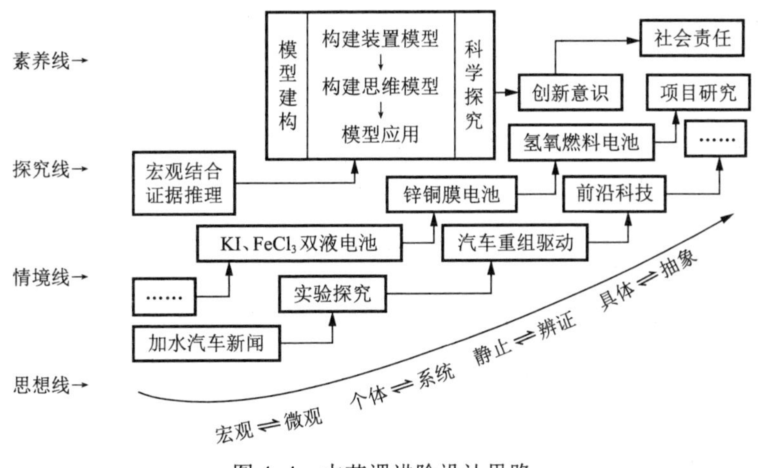

图4-4 本节课进阶设计思路

三、学习目标

能从宏观角度描述原电池发生的反应和装置构成,从电子、离子的角度运用氧化还原理论解释原电池的反应原理;树立证据意识,提出原电池装置的假设,通过实验加以证实;判断不同条件下原电池的工作原理;建立原电池的认知模型,利用模型解释新型陌生电池的工作原理;通过问题解决的体验探究过程,培养学生严谨求实的科学态度;通过调研电池对社会发展做出的巨大贡献,列举实例说明原电池对社会、科学发展的重要作用,提升可持续发展意识和绿色化学观念的社会责任感。

四、教学过程

1. 课前任务

提供药品单:1 $mol \cdot L^{-1}$ $FeCl_3$ 溶液、1 $mol \cdot L^{-1}$ KI 溶液、1 $mol \cdot L^{-1}$ H_2SO_4 溶液、1 $mol \cdot L^{-1}$ NaOH 溶液、1 $mol \cdot L^{-1}$ $ZnSO_4$ 溶液、1 $mol \cdot L^{-1}$ $CuSO_4$ 溶液、饱

和 KCl 溶液、稀淀粉溶液、稀 $K_3[Fe(CN)_6]$ 溶液、锌片、铜片、碳棒、氢气(可由电解水提供)、氧气(可由电解水提供)。

请判断:(1)理论上上述试剂之间哪些反应可以设计为原电池?(2)原电池反应的本质原理是什么?(3)原电池是如何实现化学能转化为电能的?

【设计意图】此环节中,围绕原电池的反应本质,引导学生设计自发氧化还原反应的思考方向,强调电子定向移动形成电流的意识。这样从学生的最近发展区出发设置问题,温故知新,引发贯穿本节课的三个实验情境,为驱动问题的设置奠定基础。

2. 情境引入

向学生展示河南南阳加水汽车新闻的资料,文中称"车辆只要加水就可行驶",请学生判断其真实性。教师进行情境展示:向汽车模型中滴入水溶液,汽车开始行驶。问题引导:从能量守恒的角度分析,汽车行驶过程存在什么能量之间的转化?体现出什么原理的应用?通过上述环节,引出本节课的探究任务:在必修2的基础上进一步研究原电池原理和装置设计,破解加水汽车之谜。

【设计意图】用新闻作为情境引入,设置能够引发学生辩证思考的问题,促使学生由感性认识上升到理性分析。同时,本情境作为贯穿整节课的主情境,既发挥了引领作用,又形成了任务驱动。

3. 探究活动

探究活动1:基于 KI 溶液和 $FeCl_3$ 溶液反应的电池装置研究

设置问题串,引领本环节的系列探究活动。问题串:(1)教师的演示实验中为什么没有产生电流?如何改进?(2)如何搭建电子转移路径?(3)如何搭建离子移动通道?具体教学活动和课堂探究过程见表4-3。

表4-3 KI 溶液和 $FeCl_3$ 溶液反应的电池装置的探究活动

实验环节	实验目的	实验设计	实验验证	实验分析	需要解决的问题
教师演示,提出问题	验证 $KI+FeCl_3$ 反应产生电流	将 $FeCl_3$ 溶液与 KI 溶液在烧杯中混合	无电流	电子未定向移动	设计方案实现:1. 氧化剂和还原剂分离;2. 连接电子导体
寻求突破,解决问题	搭建电子转移路径	将 $FeCl_3$ 溶液与 KI 溶液分别盛于不同烧杯中,用接有碳棒的导线连接两烧杯	无电流	电荷不守恒,未形成闭合电路	连接离子导体

续表

实验环节	实验目的	实验设计	实验验证	实验分析	需要解决的问题
完善方案，验证假设	搭建离子移动通道	在上一步操作基础上，用盐桥连接两烧杯	有电流产生	电子和离子定向移动	验证电极反应生成物

验证实验结束后，学生书写电极反应方程式和电池反应方程式，根据对上述原电池的装置组成及其对应作用的思考，画图表示原电池装置四要素，构建原电池的装置模型。

【设计意图】从一组溶液之间的反应入手开始探究原电池反应，纠正了学生只有固体和溶液之间才能形成原电池的相异构想；通过依次促使电子发生定向移动、搭建离子移动通道等任务的实现过程，形成知识的正迁移。教师带领学生进行微观探析、实验验证，最终总结出原电池装置四要素，自主构建起原电池的装置模型。

探究活动2：基于Zn片和$CuSO_4$溶液反应的电池装置研究

设置问题串，引导学生探究Zn片和$CuSO_4$溶液反应的电池装置，具体思维过程和探究活动过程见表4-4。问题串：(1)在铜锌单液原电池的演示实验中，通过对电流传感器和温度传感器的测量结果分析，你认为必修中学到的原电池装置存在哪些问题？（2)用盐桥搭建的双液原电池存在哪些优点和不足？如何改进？（3)如何进一步改装本电池，使其微型化，便于携带？

表4-4 基于Zn片和$CuSO_4$溶液反应的电池装置的探究活动

实验环节	实验目的	实验设计	实验验证	实验分析	需要解决的问题
教师演示，提出问题	验证$Zn+CuSO_4$反应产生电流	将锌片、铜片放入$CuSO_4$溶液中	溶液温度升高；锌片上有铜生成；电流强度逐渐减弱	锌片与酸接触，直接发生化学反应，电能转化率低	设计方案实现氧化剂和还原剂分离、电子定向移动、形成闭合电路
设计方案，解决问题	搭建双液电池	将锌片插入$ZnSO_4$溶液中、铜片插入$CuSO_4$溶液中，用盐桥和导线连接两烧杯	与单液原电池相比：温度恒定，电流强度较小	盐桥的加入，避免了氧化剂与还原剂直接接触，提高了电能转化率，同时增加了电阻	根据$I=U/R$和$R=\rho L/S$，分析电流较小的原因，寻找代替盐桥的装置

续表

实验环节	实验目的	实验设计	实验验证	实验分析	需要解决的问题
合作探究，改进方案	改进离子移动通道	将上一步操作的盐桥用自制交换膜代替	与盐桥双液原电池相比，电流强度较大	交换膜的使用提高了电池性能	如何解决便携性问题
动手操作，优化方案	组装微电池	学生交流展示作品			

在课堂小结环节，学生书写电极反应方程式和电池反应方程式，根据上述两组探究活动的设计和实施，研究电池的构成要素中各部分装置的作用，并尝试用横坐标表示装置要素、纵坐标表示原理要素的二维图进行总结，建构原电池的思维模型。

【设计意图】在学生建立了装置模型的基础上，以必修中学过的单液原电池为切入口，探讨提升电池各方面性能的途径；不断设置问题，连续改进装置，以有助于学生体验科学探究的过程，提升解决实际问题的能力。在此基础上通过引导学生自主分析电池反应中宏观、微观、符号之间的关系，建立原电池思维模型，促进学生抽象思维与形象思维的统一和集中体现。

实践活动：动手实践

活动1：学生拆解小汽车，观察和分析电池组成，利用原电池思维模型解释电池原理，而后重新组装小车，驱动小车运动。

活动2：利用本节课已经组装好的电池，连接贺卡、灯泡、风扇等小电器，使其工作。本环节中最容易出现的问题是由于电池功率不足，电器不工作。教师引导小组之间将电池串联，有效解决电池功率不足的问题。

活动3：小组进行汇报交流，侧重于以下内容：经过上述活动的体验，心目中的理想电池应该是什么样子的？具有什么特点？新型能源电池将向什么方向发展？学生实践中亲身感受到电池高效、轻便、安全、环保、低成本等方面的重要性。

教师进行情境呈现，展示系列最前沿科技电池的图片及其在航空、通讯、汽车产业中的广泛应用，并通过播放电池工业线的生产视频，让学生了解电池从实验室走向工厂、从工厂走向生活的过程。

【设计意图】本环节中设置了基于真实情境的三个实践活动。学生从中体会到从理论到实践、从原理到生成、从化学到生产的过程。三个环节层层递进，学生在任务驱动中多感官地参与，在潜移默化中实现了学习和建构。

探究活动3：基于H_2和O_2反应的电池装置研究

学生根据原电池装置模型确定氢氧燃料电池四要素，根据原电池思维模型设计氢氧燃料电池，并组装实验装置，进行实验验证。教师播放氢气燃料电池车实际应用的视频。

【设计意图】本环节在前面实践活动的基础上，继续设置基于真实情境的探究活动，将电池的装置模型和思维模型综合应用，不仅训练了学生的思维进阶，而且提升了学生的感知进阶，使学生进一步体会到化学科技前沿技术在现实生活中的应用。本环节通过社会热点问题培养了学生的科学精神和社会责任。

4. 项目活动

由于新闻报道中的公司并未披露更多细节，目前人们并不清楚这款水氢发动机到底是采用了什么方式实时制取氢气。方法1和方法2是专家对此做出的两种猜测。方法3是目前已有的铝空气电池的信息。请学生分析这三种方法理论和成本方面的可行性。

方法1：$2Al+6H_2O=2Al(OH)_3+3H_2\uparrow$

方法2：$2H_2O=2H_2\uparrow+O_2\uparrow$

方法3：$4Al+3O_2+6H_2O=4Al(OH)_3$

学生分析并得出结论：方法1和方法2理论上可行，实际成本却远远大于现行的汽油成本，从经济的角度考虑不合理。从目前掌握的资料来看，这款永动机很有可能属于“伪科学”。但是，氢气燃料可由工业集中生产来降低成本，那就要求配套设施的完善。方法3的铝空气电池汽车是一种相对经济的出行工具。

【设计意图】加水汽车的新闻既是本节课的引入情境，又是本节课要辩证思考的任务对象。将其是否具备科学性的思考设计为项目活动，一方面有利于学生学以致用，将化学知识与生产生活相联系，另一方面有利于引导学生辩证地看待科学的真伪，培养学生实事求是的科学思想和勇于质疑的科学精神。

5. 总结提升

在发展新能源的道路上，理论突破、材料创新、应用模组开发，等等，每一次微小的改变，都可能成为世界巨大的进步。2019年诺贝尔化学奖颁给了三位在锂离子电池领域方面做出突出贡献的科学家。目前，新能源发展仍然面临着技术不成熟、成本相对较高、使用环境不完善等诸多问题。倡议在座的同学努力学习，成为像这三位科学家一样改变世界的人。

【设计意图】以2019年诺贝尔化学奖的新闻为导向，让学生体会化学学科价值，引导学生形成用化学视角去认识事物、解决问题的自觉意识和思维习惯，使其明晰新能源发展的方向，激励学生树立用化学改变世界的责任感。

五、教学反思

1. 核心概念进阶教学的三阶段

核心概念由低水平起点到高水平终点的进阶教学一般经历图4-5所示的三个阶段：激活前概念、引发认知冲突、建构应用概念模型。

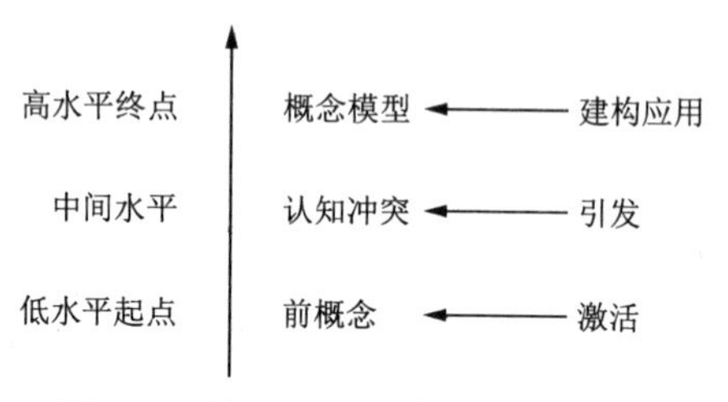

图4-5 核心概念进阶教学的三阶段

前概念是进阶的起点，处于学生能力的低水平阶段。核心概念教学的首要任务是激活前概念，以便顺利有效地开启新一轮的学习。教师对前概念尤其是迷思概念要有准确的判断和预估，才能在教学中做到有的放矢。本节课课前进行了充分调研，了解学情，在此基础上的教学设计直击学生的相异构想。第1组实验活动任务是以氯化铁溶液和碘化钾溶液反应设计电池装置，引发学生认知冲突，学生质疑溶液之间的反应如何能设计原电池。这样关注学生已有知识经验，寻求新旧知识之间的关联，有利于教师设计出解决概念学习中关键问题的教学活动。

进阶学习的中间水平阶段伴随着学生的认知发展。在这个阶段中，教师需要将教学目标转化为具体的学习任务，围绕任务设计问题——问题必须能够引发学生认知冲突，使学生在解决问题的过程中实现认知的发展。本节课学生对模型的认知正是在教师层层设疑、步步驱动的基础上逐步发展起来的。教师设置问题串，根据实验现象质疑为何氧化还原反应中有电子转移却没有电流产生，根据初改装置中的现象继续质疑如何搭建通道使电子定向转移，根据再改装置中的现象继续追问如何搭建通道使离子定向转移，最后使学生到达进阶学习的水平终点——概念的模型建构和应用。

概念模型的建构和应用是概念学习成果最主要的体现形式。概念一旦被有机地组织起来形成模型，就能精准地帮助学生把握好知识的关联性和系统性，进而使学生统筹应用。所以，概念教学的终点设定为科学模型的建构和应用。本节课学生在学习过程中就是这样形成了图4-6所示的进阶式模型。

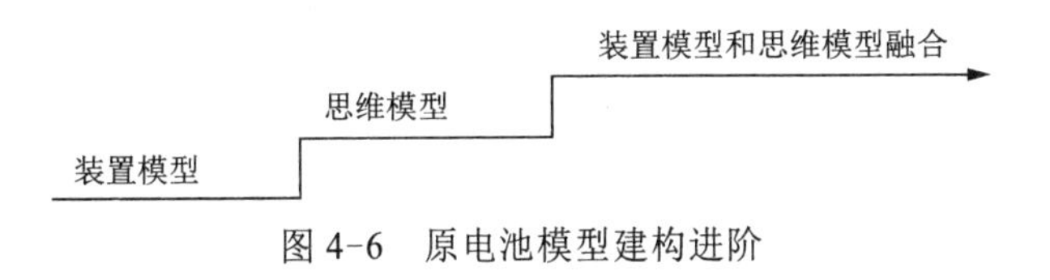

图4-6 原电池模型建构进阶

2. 核心概念进阶教学的三要素

在核心概念的进阶教学过程中，情境启动、问题驱动、探究活动三要素共同推动着教学过程，促进学生主动的自我建构。

概括性、抽象性是化学概念的特征。如果课堂教学仅仅是符号形式或者知识要点的教学，学生就很难理解和把握知识背后的深层含义和相互之间的脉络结构。所以，核心概念的进阶教学要充分地发挥三要素的功能，即用真实的情境启动学生的思维，用生动的问题驱动学生去思考，用有价值的探究活动指引学生去发现。只有基于真实情境，在问题解决的过程中展开高阶思维的学习，学生才会逐渐触及概念内核，具备深刻的体验，产生深入的思考，形成透彻的理解，生成灵活的实践创新，最终实现深度学习。

本节课将核心概念进阶教学的课堂三要素有效整合，整体设计，逐步推进，以加水汽车作为主情境，以实验、模型、前沿科技等作为辅助情境，设置对新闻进行明辨是非的问题驱动，鼓励学生质疑、思考，引导学生层层探究，不断产生思维的碰撞，实现从表征到微观、从碎片到系统的深度发展。

3. 核心概念进阶教学的三目标

核心概念教学最终要实现三个目标：知识进阶发展、思想进阶发展、素养进阶发展（见图4-7）。

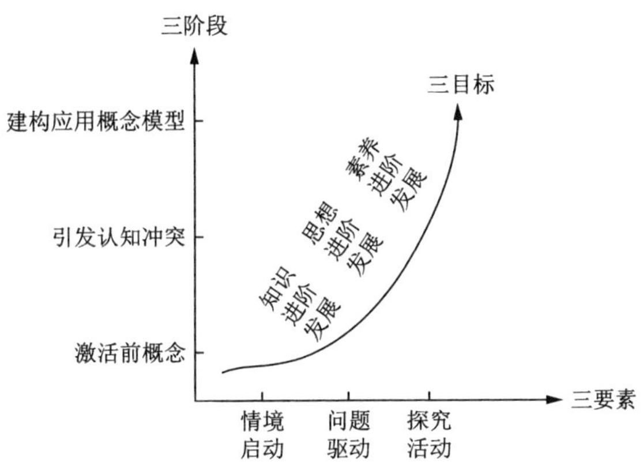

图4-7 核心概念进阶教学结构简图

学生在课堂上的进阶成长首先体现为知识进阶。教师在教学过程中，要根据不同的教学内容，设置不同的台阶，合理地引导学生循序渐进地提升认识的系统性和层阶性，让学生在每个学段、每个知识点都有不同的成长。

其次，进阶教学的目标还体现为化学思想进阶的发展。所谓的化学思想，一般认为应该符合两个条件：一是化学学科产生和赖以发展的必需思想，二是学习者在化学学习过程中接受的基本思维理念，并以此完善学习者已有的思维特征。在化学学习过程中，学生化学思想的发展和变化也是呈现进阶性的。本节课的各个设计环节，无不体现出帮助学生实现从宏观到微观而后宏微结合、从静态到动态而后动静结合、从孤立到系统、从具体到抽象的化学思想发展。

化学教学的最终目标是要让学生学会用化学的眼光观察世界，用化学的语言表达世界，用化学的思维思考世界，用化学的方法改善世界。这也是我们课堂追求的最终目标——化学核心素养的进阶提升。核心概念的进阶教学有利于逐步提升学生的思维水平，开阔学生的视野，促进学生化学学科素养的发展。

综上所述，化学核心概念的建构不是一蹴而就的，它是一个动态的、持续的、循序渐进的过程。教师应该尊重学生课堂学习活动的复杂性，正视化学核心概念建构的系统性，秉持课堂教学三要素，经历进阶教学三过程，方能实现核心概念教学的进阶发展三目标。

第 5 章

非连续性文本与化学习题训练

第 1 节　不同文本呈现的对比实验及启发

不同方式呈现的化学信息，对学生的影响不同，自然会产生不同的学习效果。笔者曾经做过一个实验，在总结微粒半径大小比较的规律时，在对照班级采用了不同的信息呈现形式，最后当堂检测比对正确率。

在高中阶段，对离子半径大小进行比较，从电子层数和核电荷数两方面判断就可以解决大部分问题。

笔者在第 1 个班级采用了连续性文本的呈现方式，板书如图 5-1 所示。

> 先看微粒的电子层数，电子层数越多，半径越大。
>
> 再看核电荷数，核电荷数越多，半径越小。

图 5-1　实验班级 1 板书

笔者在第 2 个班级采用的仍然是连续性文本的陈述形式，但是对内容进行了梳理，并且加上了符号表示。板书如图 5-2 所示。

> 1.电子层数。电子层数↑，r↑。
>
> 2.核电荷数。核电荷数↑，r↓。

图 5-2　实验班级 2 板书

在第 3 个班级，在上述基础上，笔者增加了电子层数和核电荷数对半径的影响原因。板书如图 5-3 所示。

1.电子层数。电子层数↑，对外层电子的吸引能力↓，r↑。

2.核电荷数。核电荷数↑，对外层电子的吸引能力↑，r↓。

图 5-3 实验班级 3 板书

笔者在第 4 个班级采用了非正规的符号形式。板书如图 5-4 所示。

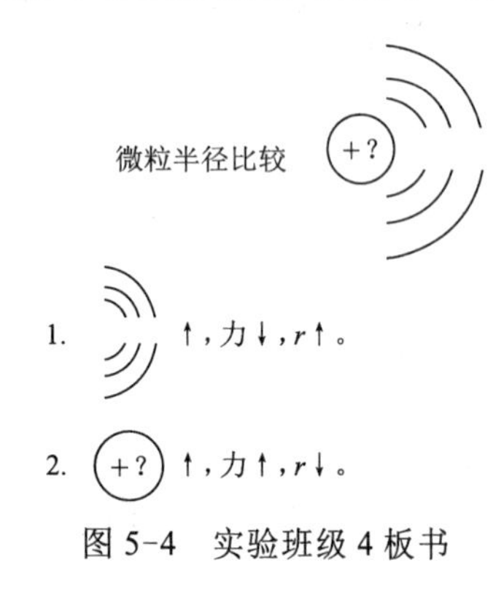

图 5-4 实验班级 4 板书

4 个平行班级的化学学情基础大致相同。课堂的多媒体环境都采用了纸笔互动的课堂实时反馈技术。本实验中，笔者分别在 4 个班级采取了上述 4 种不同的讲授方式。在紧随的当堂检测中，4 个班级学生的正确率出现了对应递增的现象。

这个实验结果给了我们很大的启示。前面两个班级比较的是信息的条理化和清晰化对学生的影响。其中，第 2 个班级中知识精炼的表达方式有利于帮助学生抓住核心内容。

在第 3 个班级中，笔者尝试强化学生对微观作用力的本质理解，突出对学生深度学习能力的培养，达到了更佳的教学效果。这一点也提醒了我们，在帮助学生学习相关知识、掌握基本规律的时候，不能只关注信息的外在表达形式，还要注意挖掘概念和规律的内涵，这有助于增强学生对信息的识记和学习效果。

微观信息的外显化有不同形式。在第 4 个班级中，笔者采取了在符号表征的基础上进行具象化的方式，以期实现对学生更优的影响。最后结果是相同情况下，这个班级的学生在这个知识点上取得了最好的学习效果。

本实验得出以下结论：信息呈现的方式、学生读取信息的能力、学生转换信息的能力以及对化学学科知识的理解程度等，对学生的化学学习都存在较大影响。信息呈现条理、清晰，注意挖掘概念本质，有助于提升学生获取信息、内化信息的效果。所以，对于图表类非连续性文本的化学题目的训练，关键在于加强对学生解题策略的指导，一是提升学生获取信息、转换信息的能力，二是提升学生将化学知识原理与图表信息结合应用、解决问题的能力。

第 2 节　加强获取信息、转换信息的能力训练

在社会和自然科学领域，图表是承载和表示知识的主要非连续性文本形式之一。通过图表可以进行数据比较、分析动态趋势、揭示变化规律。化学学科中也存在着大量依据实验数据绘制的图表，它们是化学知识存在的一种形式，反映了化学宏观、微观和符号之间的关系。我国化学教育十分重视通过训练来培养和考查学生的图表认知加工能力。纵观近几年我国化学高考试题，不难发现图表题已经成为考试的热点，并且在考卷中占有较大的分值。

从试卷成绩的统计分析来看，学生对图表类非连续性文本试题的分析和解决水平还不够理想。化学图表类型试题得分率较低的一个原因在心理方面。大部分学生虽然对图表类信息阅读兴趣浓厚，但是面对图表解题情境却心生胆怯，心理上存在习得性无力感。

化学图表类型试题得分率较低的主要原因在于信息处理的能力欠缺。首先，这一类试题一般文字量较大，信息新颖，情景陌生，学生获取信息较为困难。其次，学生阅读后即使获取了大量信息，但是要么获取的信息质量不佳，模糊不清，要么不能很快地排除干扰信息，利用有效信息，实现题目中的主干和原理条理化、清晰化。再次，图表类试题中大部分存在定量计算，学生虽然分析方法恰当，但在数据处理中，往往由于不够严谨，造成数据处理错误。这样的错误，反过来又加深了学生对图表类试题的无力感。所以需要重视加强学生图表类非连续性文本的习题训练，尤其加强学生获取信息、转换信息的能力训练。

一、训练学生转换不同形式的非连续性文本信息的能力，加深对信息表征方式的理解

非连续性文本包含曲线图、数据表格、清单、目录等不同形式。每一种形式有其独特之处。以化学学科中最常见的图和表为例，其共同点是实用性较强，强调直观性，包含大量的信息，内容丰富，不同点是表格中有直观且具体的数据，而图像中的数据往往不够直观、具体。学生通过图像可以清楚地了解其变化趋势和走向，而对于表格，则需要对比分析才能发现其变化规律。

学生调查显示，学生对非连续性文本缺乏关注，对图和表的特征缺乏必要的

了解。教师在对学生进行训练的时候，一般都是将重心放在信息的收集方面，即对主要数据的读取。但是因为学生缺乏对图和表特征的了解，信息的收集往往不够熟练和精准。基于此，在对学生进行非连续性文本习题训练时，可以考虑指导学生进行不同形式的非连续性文本之间的转换，比如将表格语言转换为图像语言，或者将图像语言转变为表格语言，以此加深学生对图和表特征的理解，实现对图表信息的熟练、精准提取。

例题 在一体积可变的密闭容器中，加入一定量的 X、Y，发生反应 $mX(g) \rightleftharpoons nY(g)$ $\Delta H=Q\ kJ\cdot mol^{-1}$，反应达到平衡时，$Y$ 的物质的量浓度与温度、气体体积的关系如下表所示。下列说法正确的是(　　)。

温度/℃	$c(Y)/(mol\cdot L^{-1})$		
	体积 1 L	体积 2 L	体积 3 L
100	1.00	0.75	0.53
200	1.20	0.09	0.63
300	1.30	1.00	0.70

A. $m>n$

B. $Q<0$

C. 温度不变，压强增大，Y 的质量分数减少

D. 体积不变，温度升高，平衡向逆反应方向移动

本题在对化学平衡的知识规律考查的同时，侧重考查了学生阅读非连续性文本信息的语言能力以及归纳能力。面对题目，学生首先需要克服的是畏难情绪，然后需要数据读取方法的指导，以便发掘规律。畏难情绪产生的缘由，在于方法的缺失和思路的无序。面对表中杂乱繁多的数据，教师可以鼓励学生尝试将表中的数据在图像中定位连线，将表中信息翻译成图 5-5 的形式呈现。在转换过程中，学生进一步熟悉数据表的结构，掌握图像的制作方法。在转换后的图像中，学生可以直观地观察到：体积一定的时候，温度越高，Y 的浓度就越大；温度一定时，随着体积的增大，Y 的浓度逐渐减小，但是 Y 浓度减小的程度，明显地要低于容器体积增大的程度。这些规律在表中其实也可以从横向语言和纵向语言中读出。但是比起表格，本题转换出的曲线图更容易刺激学生的视觉，激发思维冲突，帮助学生应用规律来解决问题。

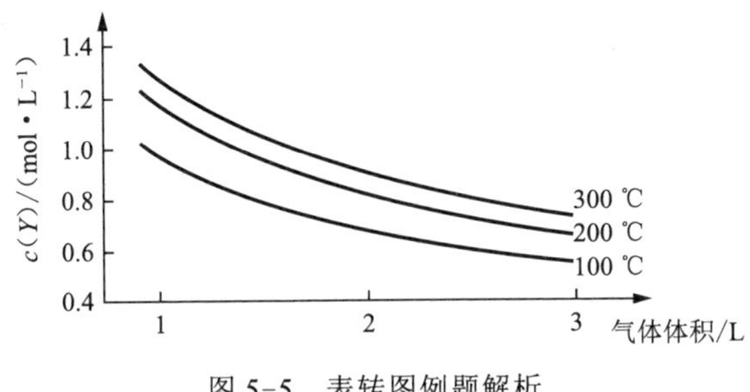

图 5-5　表转图例题解析

对原题呈现信息的方式做出变换，可以提升学生使用不同形式文本读取信息、加工信息的能力，增强学生驾驭非连续性文本的建构能力。通过探索表征形式变化的训练，可以帮助学生克服思维定式，培养创新型思维。这种转换也有利于帮助学生掌握题目中化学问题的本质。

鲁科版教材中同样采取了这种策略。化学必修 2 第 11 页表中列出了 1 ～ 18 号元素的各项数据。思考题第 2 题要求学生对表中的各项内容进行比较和分析，绘制其他形式的非连续性文本——柱状图和折线图，寻找其中的规律。思考题第 3 题要求学生用连续性文本描述发现的规律。进行了文本转换之后，柱状图和折线图很清晰地表示出 1 ～ 18 号元素在原子的最外层电子数、原子半径、元素的最高化合价和最低化合价等方面存在的内在联系以及变化规律。

有的题目可以采用图转换成表格的形式加强学生对关键数据的关注和应用。开始训练时，考虑到学生的学科基础比较薄弱，对图表等非连续性文本的认知比较生疏，两者结合应用能力更是欠缺，教师可以降低训练难度，采用将图和表两种非连续性文本同时呈现给学生的方式，让学生将图和表进行比对，寻找适合自己的文本方式进行突破。有了第 1 种文本阅读后的心理铺垫和化学信息的储备，学生阅读第 2 种文本时，就有能力将重点放到非连续性文本的解读方法和思路梳理上。

图和表是从不同的角度出发帮助学生整理数据、发现规律的重要工具。教师应当引领学生充分地发挥这两种工具的不同优势，采用多元比较和特征比较的方式，尝试把握关键信息，并进行信息重组。学生通过图 5-6 的思维历程完成不同非连续性文本的迁移转换，从而寻找到规律，获得有意义的结论。

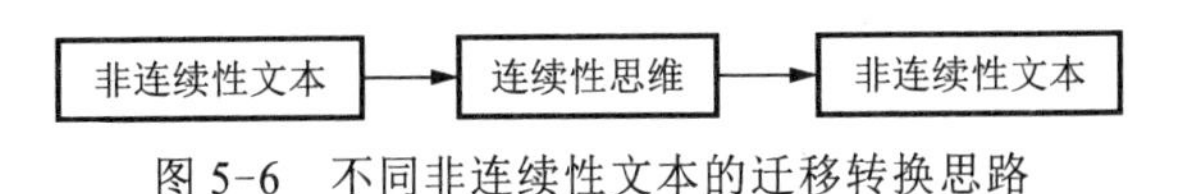

图 5-6　不同非连续性文本的迁移转换思路

二、训练学生将非连续性文本转换成连续性文本，加强信息融合能力

学生在化学图表理解方面能力整体偏弱，主要表现在以下方面：第一，学生在观察图表获取信息时，往往浅尝辄止，只做简单的图表观察，大致了解基本信息，即信息的获取不全面、不完整、不恰当；第二，建立信息的相关联系及其意义时，习惯性地从已有的知识经验出发，调用知识库中和图表信息相匹配的知识点来构建图表的意义。在这种情况下，学生已有知识经验的欠缺或者不当，会导致其构建错误的图表意义。

就学生而言，他们将图表中呈现的宏观、微观和符号表征的信息，与数字、文字信息的整合，都是一种不自觉的行为。所以教师需要有意识地引导学生，在保证原有知识结构中存在信息正确性的基础上，使之与图表中呈现的信息建立正确的链接关系，使学生顺利地描述和分析内容。训练学生用连续性文本来描述非连续性文本中的信息是一种比较好的策略。高考题中对此也有大量的考查。

例题　2017 年全国高考试卷Ⅱ 27 题（部分）

（2）丁烷和氢气的混合气体以一定流速通过填充有催化剂的反应器（氢气的作用是活化催化剂），出口气中含有丁烯、丁烷、氢气等。图(b)为丁烷产率与进料气中 *n*（氢气）/*n*（丁烷）的关系。图中曲线呈现先升高后降低的变化趋势，其降低的原因是____________________。

（3）图(c)为反应产率的反应温度的关系曲线，副产物主要是高温裂解生成的短碳链烃类化合物。丁烯产率在 590 ℃之前随温度升高而增加的原因可能是______、______；590 ℃之后，丁烯产率快速降低的主要原因可能是______。

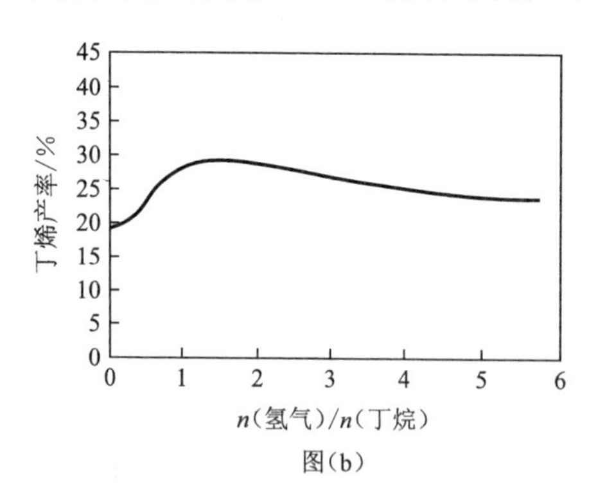

图(b)

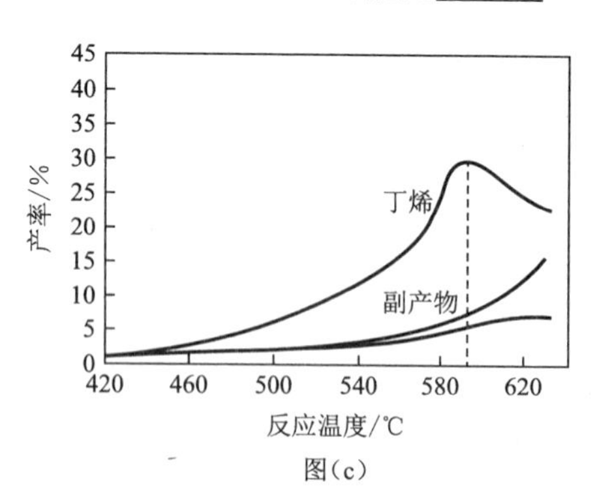

图(c)

这两个小题都属于原理阐述题，要求学生根据抛物线曲线单侧的变化趋势进行分析，并且用语言描述或者解释原因。分析这两个题目，(2)中考查浓度对平衡移动的影响，即增大产物 H_2 的投料，平衡会逆向移动。(3)中考查的是温度

对速率和平衡移动的影响。590 ℃之前，升高温度，平衡正向移动，并且反应速率加快，所以丁烯的产率增加；590 ℃之后，温度升高，副反应加剧，丁烯的产率减少。

要顺利完成本题，首先，学生要精准地进行知识点的储备，以免造成信息整合的无效链接。本题考查到了化学反应原理中的速率问题、平衡移动问题、主副反应关系的问题。这些化学反应原理的知识掌握是解决此类问题的关键之一。如果储备知识有遗漏或者错误，信息的整合必定无效。

其次，教师需要指导学生找准图像的“面”“线”“点”“量”，分析图像走向趋势和数据之间的关系，特别要关注数据变化过程中出现的异常情况。这个点往往是体现量变到质变的关键点，如(3)题中 590 ℃的拐点。

再次，根据图形中给出的宏观、微观、符号以及数字、形态和文字信息，精准地找到、清晰地辨识、精确地获取考查目标的知识点，并建立与储备知识点的链接。

最后，用文字语言规范表述。教师需要指导学生严谨、清晰、简明地表述化学原理，提醒学生注意结合本题中的图表数据或者变化规律进行论述。

三、训练学生将连续性文本转换成非连续性文本，加强信息加工能力

习题陈述中的连续性文本有时候存在抽象、拖沓等不足，教师可以指导学生将其转换成非连续性文本的表达形式。这样不仅能变复杂为简明，而且能更形象直观地通过关键信息判断相似性和差异性，寻找规律。复习课中思维导图的绘制是强化学生信息加工能力的常用做法。本章第 4 节教学案例主题是侯氏制碱法在实验室中的模拟应用。在课前复习区，本节课两次进行了将连续性文本转成非连续性文本的训练。第 1 次是表 5-1 所示，即总结侯氏制碱法用到的两种原料气体的制备原理和实验方法，第 2 次是图 5-7 所示，即梳理侯氏制碱法的原理和操作。图表在帮助学生抓住关键信息和本质特征的同时，使其具备举一反三、融会贯通的能力，并在习题训练中发挥着重要的作用。

表 5-1 侯氏制碱法原料气体的制备原理和实验方法

		化学(离子)方程式	反应发生装置	收集装置	尾气吸收装置
CO_2					
NH_3	方案 1				
	方案 2				
	方案 3				

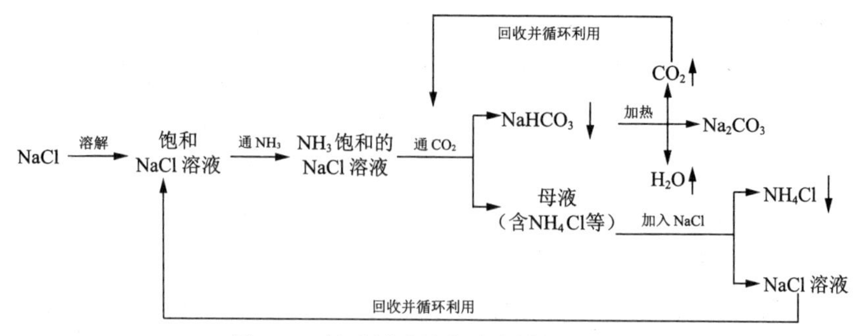

图 5-7　侯氏制碱法实验室模拟流程图

除了不同文本形式之间的转化训练，高考中也常有对绘制图片或者图表的考查。因为图片可以将化学的宏观表征客观化、微观表征外显化，图像可以直观地表达化学原理中多个物理量之间的相互关系以及变化趋势，所以高考中常出现绘制图片、完善表格、画图像等考题，考查学生对化学知识的理解和掌握程度，同时考查学生的空间想象力和动手能力。考查的覆盖面极广，内容涉及化学实验、化学反应速率和化学平衡、化学反应历程、反应能量变化、元素周期表等。

高考最常考查的是化学平衡的特征和等效平衡的概念。相同的知识点，相似的难度，如果以识图题来进行考查，学生的得分率比绘图题要高许多。也就是说，对于学生而言，根据题目给图表找到关键点和变化趋势，这种获取信息的难度要低一些。而一旦进行逆向考查，由学生自己确定信息，定位关键点，判断趋势，并且通过图表表达出来，整个过程中涉及的信息处理环节就会增多，对学生来讲就增加了很大难度。

此类题目的训练，需要我们解决好题目考点、化学规律和图表信息三要素之间的关系（见图 5-8）。教师应当首先引导学生通读全题，明确题目考点，其次准确地判断考点中所考查的化学反应原理。在用化学反应原理解决考查点的过程中，我们要注意结合图表中已给出的横坐标和纵坐标等变量，关注图表中关键点的坐标、线的走势，最后连点成线。

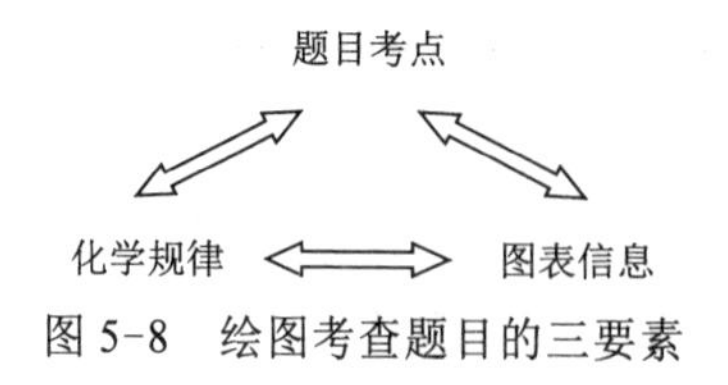

图 5-8　绘图考查题目的三要素

总之，为加强学生获取信息、转换信息的能力训练，教师需要在平时的教学中注意加强在非连续性文本之间、连续性文本之间、连续性文本与非连续性文本之间的转化训练（见图5-9），帮助学生熟悉获取信息和转化信息的思路。

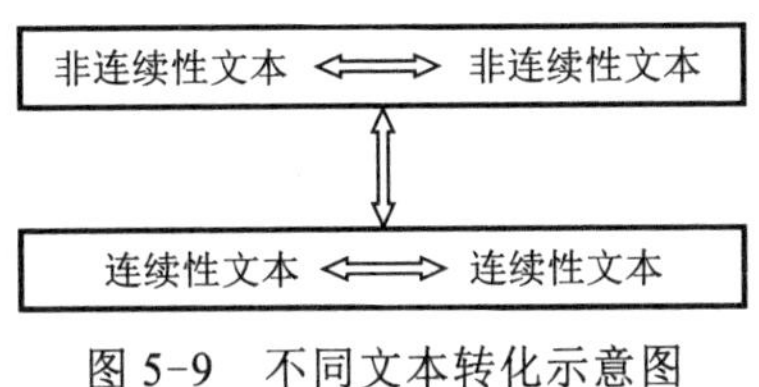

图5-9　不同文本转化示意图

第3节　建构固定题型非连续性文本形式的思维模型

高考试卷中以非连续性文本为形式考查的题目占了比较大的比重，其具体考查形式多样，有图表、图像、流程图等。考查范围广，几乎涵盖了元素化合物、化学基本概念和理论、化学实验、化学计算、化学反应原理、化工生产等中学化学中所有的内容。考查目标明确，以新情境下用经济环保的视角分析解决实际生产问题为考查目标，全面考查学生信息获取、加工、整合的能力，评价学生分析、比较、概括、归纳、应用问题的素养。

化学的高考试卷Ⅰ和试卷Ⅱ中均有固定题型。对于这一类题目，教师要帮助学生加深对学科规律的理解，熟悉常见题型的解题策略，发挥非连续性文本简明性、关联性、学科性和整合性的优势，帮助学生归纳并应用科学的习题模型。本节探究了目前化学高考试题中的无机化工流程题、实验题、化学平衡题和电化学题等四个固定考查题型及其对应的规律，建构起非连续性文本形式的考题结构和思维模型。

一、实验探究题

1. 探究型综合实验

通过对高考题的分析，教师可以明确探究型综合实验题的常见考查内容，引领学生做好知识储备。常考内容有：① 实验目的；② 基本实验操作（物质分离、提纯、装置气密性检查、防倒吸、防污染、温度测定、过滤、蒸馏、蒸发、配制一定物质的量浓度溶液等）；③ 基本实验仪器；④ 实验药品的选择；⑤ 实验假设、设计、现象、结论、反应方程式（或离子反应式）；⑥ 数据处理、归因分析等。

对于实验中的变量探究习题，教师要指导学生抓住关键点：确保其他条件相同的前提下，探究只改变一个条件对研究对象的影响；提醒学生注意选择的数据要有效，且变量统一，否则无法做出正确的判断。

2. 制备型综合实验

教师需要帮助学生认识制备型综合实验题目的一般结构（见图 5-10）。

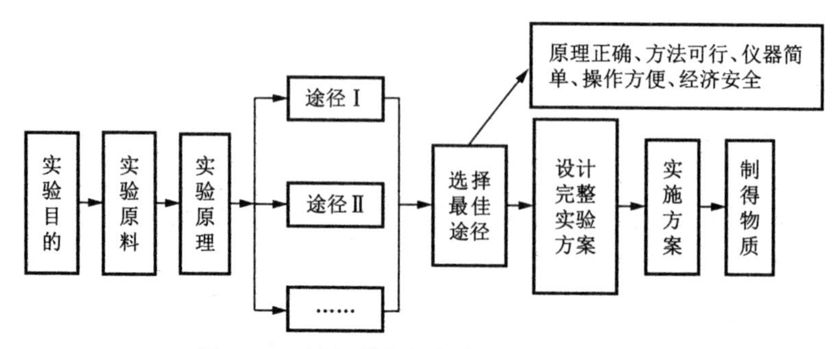

图 5-10 制备型综合实验题目的一般结构

在解答过程中，教师应指导学生根据目标产物的组成来确定原料和反应原理，设计反应途径，选择合适的仪器和装置，最后根据产物的性质将生成物进行分离和提纯。这一类型的题目常考角度以及学生应该具备的知识储备如图 5-11 所示。

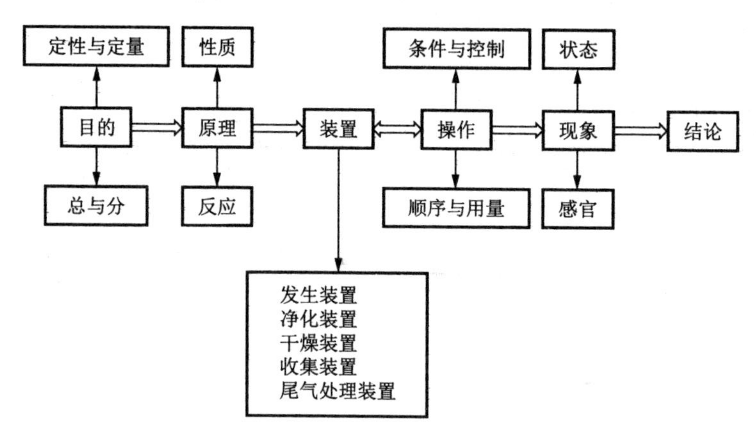

图 5-11 制备型综合实验题目的思维模型

不管是探究实验还是制备实验，此类题目练习中教师应培养学生构建图 5-12 所示的思路步骤。

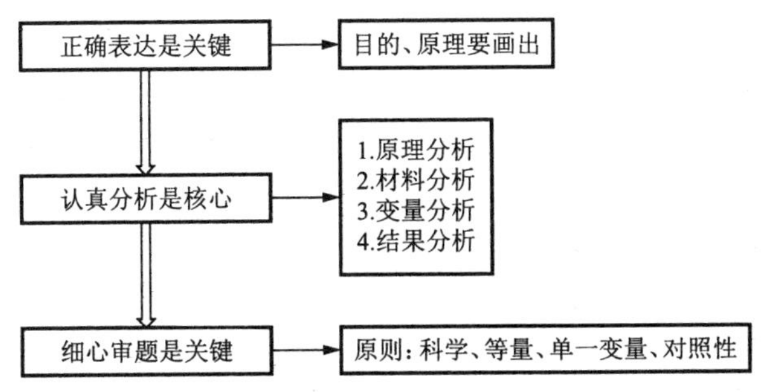

图 5-12　探究型和制备型综合实验题目的思路步骤

二、无机工艺流程题目

图 5-13 至图 5-16 给出了无机工艺流程题目的思维模型。

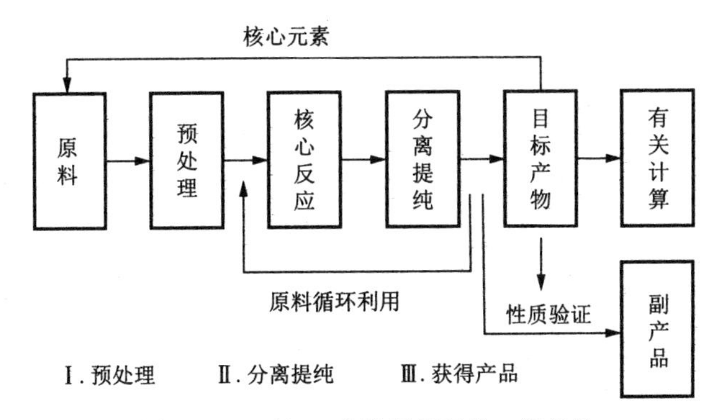

图 5-13　无机工艺流程题目的一般结构

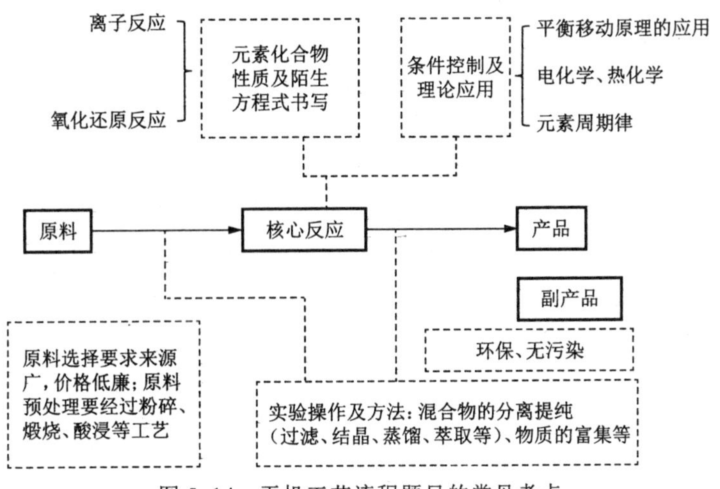

图 5-14　无机工艺流程题目的常见考点

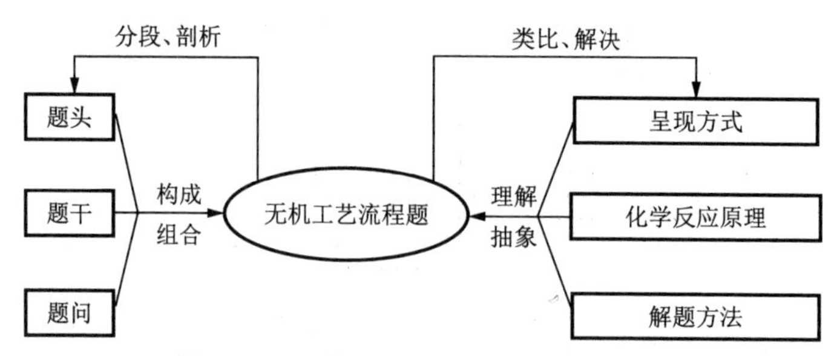

图 5-15 无机工艺流程题目的思维模型

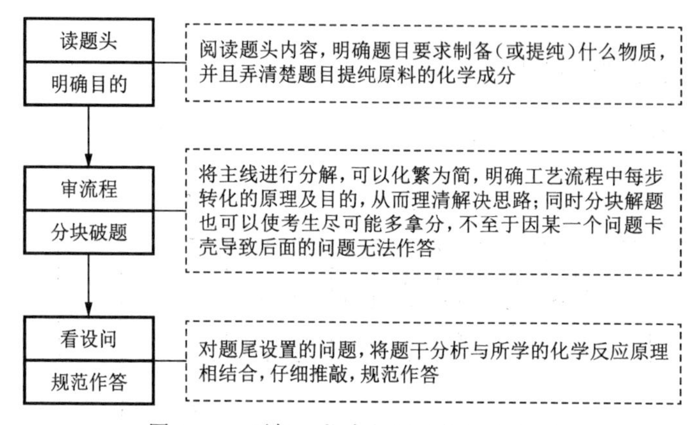

图 5-16 无机工艺流程题目的思路步骤

三、化学平衡图像题目

图 5-17 给出了化学平衡图像题目的思维模型。

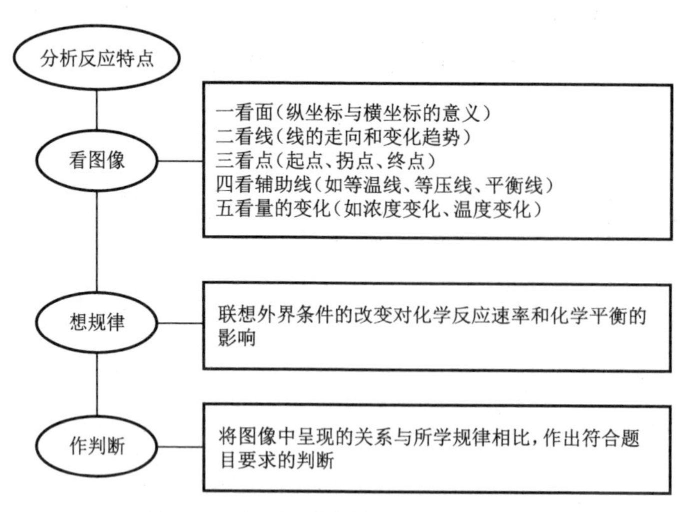

图 5-17 化学平衡图像题目的思维模型

四、电化学图像题目

图 5-18 至图 5-19 给出了电化学图像题等常见题型的思维模型。

原理维度
原电池
电解池
任务维度
认识对象
现象
过程
电子移动方向
阴阳离子移动方向
设计型
电极产物
氧化产物
还原产物
失电子
得电子
分析型
电极反应物
还原剂
氧化剂
失电子场所
电子导体
离子导体
得电子场所
装置维度
（负极或阳极材料X导线）
（正极或阴极材料）

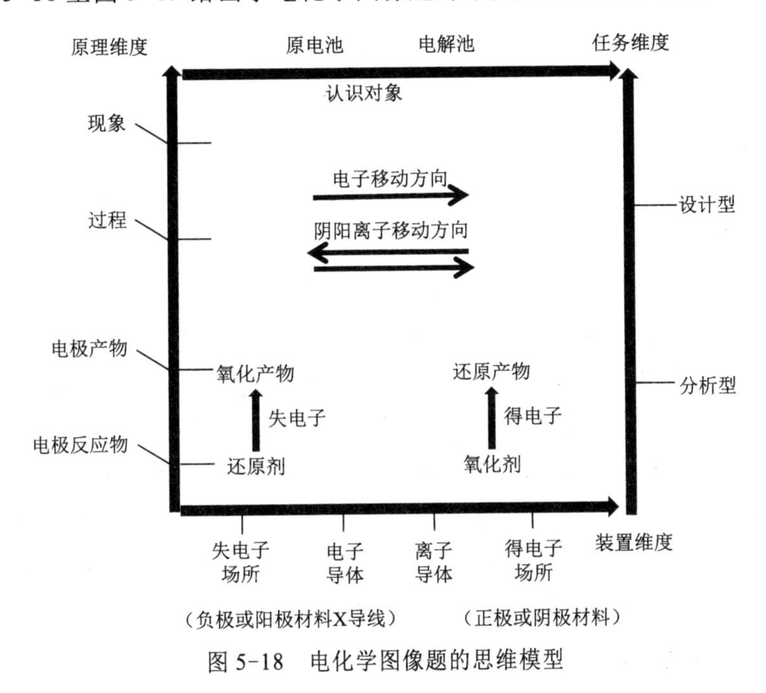

图 5-18　电化学图像题的思维模型

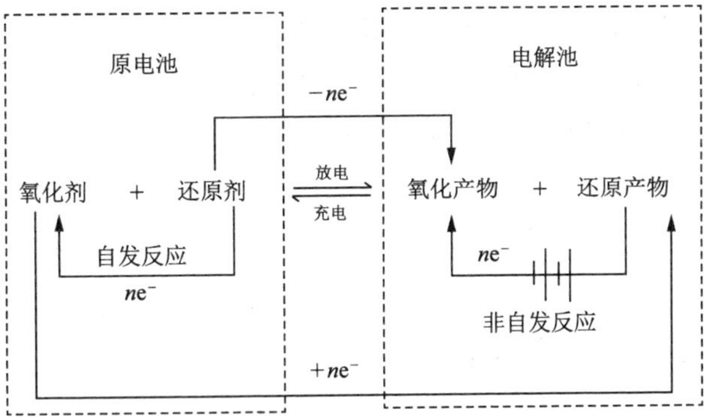

原电池
电解池
$-ne^-$
氧化剂 + 还原剂
放电
充电
氧化产物 + 还原产物
自发反应
ne^-
ne^-
非自发反应
$+ne^-$

图 5-19　二次电池的思维模型

第 4 节　任务驱动下“化学实验仪器和基本操作”复习课的教学设计

一、背景分析

《普通高中化学课程标准》(2017 年版)明确指出:“以实验为基础是化学学

科的重要特征之一，化学实验对全面提高学生的科学素养有极为重要作用。”新课标倡导开展以化学实验为主的多种探究活动。实验探究离不开实验仪器的使用。

《普通高中化学课程标准》(2017 年版)中对实验仪器和实验基本操作内容的学业质量水平的要求如下:“学生能根据化学问题解决的需要，选择常见的实验仪器、装置和试剂，完成简单的物质性质、物质制备、物质检验等实验；能同伙伴合作进行实验探究，如实观察记录实验现象，能根据实验现象形成初步结论。”

对于学生来讲，这部分内容属于辨识记忆、概括关联的任务类型。所以，教师在带领学生进行复习总结的时候，往往缺乏任务驱动，没有问题情境，更谈不上活动经验和体会。很多学生在学习的过程中往往“看图片、背规则、刷习题”，通过机械的记忆来掌握知识。在这个学习过程中，依赖记忆的低级思维活动占据了主导的地位，而高级思维活动很少参与认知。长此以往，学生丧失了独立思考的能力，“科学探究与创新意识”核心素养的发展就无从谈起，实现不了“能发现和提出有探究价值的问题，能从问题和假设出发，依据探究目的，设计探究方案，运用实验等方法进行实践活动”的教学目标。基于以上分析，特设计任务驱动下的“化学实验仪器和基本操作”复习课。

二、设计思路

本节课以侯氏制碱法的实验室模拟流程(见图 5-20)为主线，围绕着原料的制取、产物的生成和产品的提纯设置问题，采用连续的任务驱动，帮助学生实现对基本仪器和基本操作的深刻理解、熟练应用。

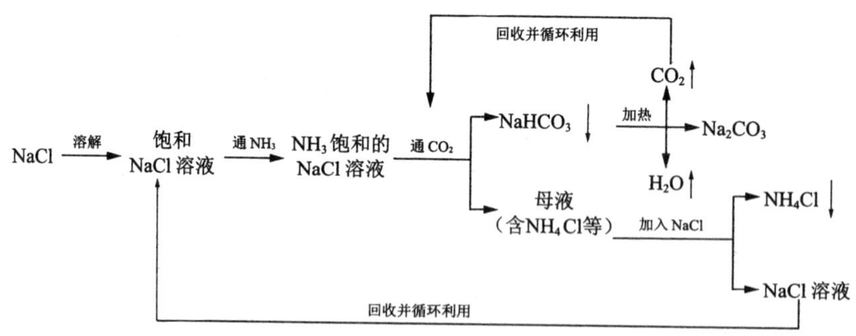

图 5-20 侯氏制碱法的实验室模拟流程

根据以上分析，设置本节课的学习目标和重点难点如下。

学习目标：准确辨识基本实验仪器，能恰当组装仪器解决实验任务；能解析说明气密性的检验原理、防倒吸装置的使用原理；能根据物质的性质和实验要求，选择合理的分离和提纯的方法，组装仪器的操作符合规范；熟悉侯氏制碱法的流程，体会化工学家的爱国情怀，增强化学学习对社会进步担负的责任意识。

重点难点：检验气密性装置的原理和操作方法；物质分离和提纯的原理和方法。

三、教学过程

“化学实验仪器和基本操作”复习课的教学过程见表5-2。

表5-2 “化学实验仪器和基本操作”复习课的教学过程

教学环节	驱动问题与任务	教师活动	学生活动	设计意图
引入环节	侯氏制碱法的流程是什么？	告诉学生，化学是一门实验学科，很多伟大的发现都是在实验室中产生的。侯氏制碱法为我国制碱工业的发展做出了巨大的贡献。投入工业生产之前，侯氏制碱法在实验室经历了一个模拟的过程	根据课前复习的内容，学生交流侯氏制碱法的流程	引出教学情境，既复习了侯氏制碱法的基本原理，又为本节课化学仪器的使用和基本操作的训练埋下了伏笔，做好了铺垫
仪器的辨识	识仪器、画仪器	要求学生根据图片写出仪器名称或者根据名称画出仪器简图。提醒学生，仪器中如果包含不同的类别，注意分类并标注对应的名称	学生独立完成。教师要求学生以小组为单位进行讨论，相互交流答案	通过识图绘图，有利于学生进一步熟悉仪器的使用，加强学生的观察能力和用非连续性文本的表达能力
仪器的使用和原料的制备	什么是原料气体的制取发生装置？	设问：侯氏制碱法的两种原料气体 NH_3 和 CO_2 的制取方法、实验装置是什么？	实物投影仪中展示预习学案中的答案	温故而知新
	如何选择并合理使用合适的气体发生装置？	指导学生以 CO_2 和 NH_3 的实验室制取方法为例，总结实验室中气体发生装置的类型，并补充实例加以说明	学生在学案中画出三种气体发生装置的组装类型的简图，包括固固加热、固液不加热、固液加热。分别举以实例	在初中已具备知识的基础上，结合高中学习的新的气体制备方法，将原有的知识规律进行补充，完善知识框架
			以小组为单位，分别到前面讲台动手组装三种类型装置，然后结合知识规律加以讲解	培养学生实验操作的动手能力

续表

教学环节	驱动问题与任务	教师活动	学生活动	设计意图
仪器的使用和原料的制备	常见的气密性检查原理和方法有哪些？	请学生观察讲台上已经搭建好的三种反应发生装置。依据“有塞必验密”的原则，请学生思考如何验密	学生到讲台上现场演示三种装置气密性的检验方法——微热法和液差法，并介绍具体的操作和原理	学生通过动手操作，获得感性认识，更好地理解巩固实验基础知识和原理
	常见的防倒吸尾气吸收的方法和原理有哪些？	设问：侯氏制碱法的两种原料气体 NH_3 和 CO_2 需要进行尾气吸收吗？为什么？如何吸收？	学生在学案上画出肚容式、隔离式和接收式等三种常见尾气吸收装置，并标注试剂名称。学生相互之间补充完善答案	教师为学生多创造动手参与、动脑思考的机会，引导学生自己设计实验，改进实验，使学生由被动变主动，调动其学习积极性
产物的分离和产品的提纯	侯氏制碱法流程中，哪些步骤需要物质的分离与提纯？如何分离与提纯？	激发学生思考实验中物质分离与提纯的必要性。通过预设的问题组，引导学生回顾总结基本操作的内容	以小组为单位完成过滤、蒸发结晶、萃取、分液、蒸馏和升华等装置的设计，分析装置的适用范围以及使用注意事项	结合侯氏制碱法实际生产情境，采用问题驱动，引导学生运用化学规律来解决实际问题，培养学生的科学探究素养
		指导学生进行仪器操作，完善学生总结的规律	每个小组选派两位代表到讲台上组装对应的实验装置，并作说明和讲解。其他小组作补充	将教材图片中的信息具体化，在实验情境中培养学生独立思考的意识和规范操作的习惯
	如何分离出侯氏制碱法的产物？	设问：在侯氏制碱法中，如何将产物碳酸氢钠与原溶液进行分离？如何由碳酸氢钠制得需要的碳酸钠？	有了上述操作奠定的基础，学生很容易得出正确答案：过滤、蒸发、灼烧	引导学生利用化学知识解决工业生产中的实际问题
	如何提纯侯氏制碱法的产品？	设问：侯氏制碱法制得的碳酸氢钠中，常常含有少量的氯化钠，如何提纯？师生建构操作流程模型：蒸发浓缩→冷却结晶→过滤→洗涤→烘干	学生独立思考后，小组内交流答案	帮助学生深化对基本操作的掌握和理解，提升学生对实验操作流程模型的认知
总结提升，学以致用	设问：侯氏制碱法在实验室中应用时需要注意哪些问题？具体怎样操作？	结束语：向伟人致敬的最好方式是从现在开始，夯实化学基础，提升化学素养，为科技进步付出我们的实际行动	回顾本节课所学内容，绘制思维导图	学生通过观看侯氏制碱法实验室操作的视频，既复习和巩固了本节课所学知识，同时深切感受到民族工业家侯德榜先生做出的贡献，有助于提升学生的社会责任心
			观看侯氏制碱法视频	

第6章

非连续性文本与元素化合物、有机物教学

第1节 元素化合物和有机物教学的功能价值

核心素养现在已经成为中小学课程教学改革的指导思想和基本方向。深度学习作为核心素养的有效培育路径，着力于改进课堂中学生学习的表面化、浅层化和表演化等问题，聚焦于学习内涵、品质和深度的优化，培养学生的核心素养，提升学生的关键能力。

元素化合物和有机物的知识在高中化学教学中承担着上述重要功能，主要体现在两方面：一方面，学生通过认识常见物质的性质，了解物质与生产生活的密切联系，体验化学学科的学习价值；另一方面，元素化合物和有机物的知识是帮助学生建立化学概念、理解化学原理、探析物质结构、认识化学理论、体验化学方法的重要基础和载体。

元素化合物和有机物知识的这些功能决定了学生在课堂上需要学习大量的元素化合物和有机物的性质。目前存在的问题是教师往往片面地理解和贯彻《普通高中化学课程标准》(2017年版)在元素化合物和有机物部分屡次出现的“了解性质”“列举应用”等要求，教学形式单一。大多数教师仍然采用以知识为主线的方式，引导学生先分析物质的结构，观察物理性质，然后探究化学性质，最后讲述用途、保存和存在。如果教学过程中贯穿了结构决定性质、性质决定应用的认识，讲授者往往自认为已经体现出了其中的化学思想。在元素化合物和有机物知识的载体价值方面，大多数教师采用了先学后用的方式。也就是说，大多数教师先让学生学习基础知识或者基本理论，然后通过迁移应用达到知识巩固的

目的。在这样的课堂教学设计中，学生缺乏深层的学习动机，在学习之前缺乏必要的目标和内驱力。学生对于所学所用，往往会出现理论与实践脱节的情况。

教学手段的使用也同样存在形式单一、认识肤浅的问题。在问题驱动的教学策略指导下，教师努力地设计大量问题，把问题作为主线索贯穿整节课。但是，教师实施中发现学生貌似参与了，实际属于“被参与”。教师要求学生板书学生就板书，教师要求背诵学生就背诵。课堂中只有教师提出的问题，没有学生提出的疑问。学生参与行为只是表面现象。究其原因，教师设计的问题大多数是基于习题训练。教师为了应试设计的问题与实际脱节，缺乏学科特点的指向。这种基于回忆、识记、再现的方式设计的学习任务，看起来是把学生当作学习的主体，实则缺少深度和条理，并不利于学生真正地展开思考解决问题，只会导致学生一直停留在低水平的学习上。以铁元素的学习为例，教师在课堂中拿出大量的时间，将教学重点放在铁单质及其化合物的化学反应方程式、离子反应方程式、反应现象等基础知识和技能的反复默写上，因为这是高考考点。训练次数越多，基础知识失误就越少，考试成绩就越好。但是学生在对这些知识的掌握水平上，充其量也只是能机械重复。这种缺少积极思维和主动活动的学习，很难实现深度理解、灵活应用的目标，更谈不上让学生逐渐成长为“会学习，会思考，敢表达，会合作”的学习者。

本单元基于深度学习的元素化合物和有机物的教学设计，正是从化学学习的过程和化学学科价值两方面出发，实现教学思想和教学过程的双翻转。

首先，课堂将教材中原本需要识记的元素化合物和有机物的知识改造为需要学生去思考、去解决的问题，创设情境，巧妙设问，整合目标，引发学生的学习兴趣和深度思考。如果教师设计出来的学习任务具有一定的开放性、综合性，并且符合学生的最近发展区，学生在解答任务的时候就会激发认知冲突，从而产生持续的思考。

其次，课堂上知行合一，体现化学学科价值。理论与实践在课堂上共生、同行。在运用知识解决问题的过程中，学生会产生学习新知识的冲动。学习到的新知识，又为解决原来的问题助力。在学科知识综合应用的过程中，学生完成认知结构的重组，从而逐渐形成系统的思维方式，促进学习能力等各方面的持续发展。

生活中的非连续性文本无处不在。基于以上对元素化合物和有机物的知识特点、教学现状的分析，以及对深度学习的思考，笔者尝试利用生活中的非连续性文本设计有效的元素化合物和有机物的教学思路。本单元的教学设计重点探究了价类二维图、标签、使用说明书、工业生产报告、网络图表等非连续性文本的情境素材，充分展示了与生产生活须臾不离的非连续性文本的实用特征和实用功能。

过去非连续性文本的相关研究往往以高度理论化的信息认知和教学活动做支撑，脱离学生的实际生活与学习。本单元关注教学中非连续性文本资源的引入，力图将实际应用这一维度落到实处。教师利用非连续性文本自身与生产生活联系紧密的特点，在教学中引入生产生活的真实情境，充分发挥元素化合物和有机物知识对生活情境的解释功能、对生产决策的指导功能、价类二维图与元素化合物体系的关联功能。实践与情境的协商建构使化学知识及其意义具体化、形象化。

但是，由于非连续性文本体系不够独立，生产生活中的非连续性文本内容相对比较精炼，形式比较简单，单独依靠学生的自主学习很难深入，教师的引导策略和教学策略就显得尤为重要。教师需要引导学生多角度地进行信息挖掘、补充和建构。将非连续性文本引入元素化合物和有机物的教学中，学生探究活动方式要求多样化，教师指导方式要突出个性化。深度情境教学法是一种将非连续性文本应用于元素化合物和有机物教学的方法——教师在教学目标明确且聚焦的前提下，以主情境统领和辅助情境补充的方式，指导学生透析情境信息、整合情境信息、主动创造情境，实现对信息的意义建构，最终形成优质的化学观念、品格和关键能力。

第2节 应用元素化合物和有机物知识对生活情境的解释功能

化学实用性的一个重要体现是生活化。化学是一门生活学科，生活中到处充斥着化学物质和化学知识，尤其是跟元素化合物和有机物相关的知识更为普遍。课堂教学中，教师常常列举与生产生活相关的化学现象和实例，用这些感性的材料吸引学生的注意力，激发他们的学习兴趣。教学设计利用生活中的化学来创设情景，有利于引导学生学会观察，驱动自身自主探究，产生参与认知活动的主动的情感体验。但是化学情境的教学价值远不止于此。

中学化学元素化合物和有机物的相关知识看起来比较浅显易懂，但它们具备的另外一个特点是应用的多样性和复杂性。化学课堂教学中，教师们都努力设计具有开放性、自由性、探索性的问题作为深度学习的支点和目标。生活情境是很好的设计这些问题的载体。教师应当深度挖掘元素化合物和有机物知识对生活情境的解释功能，以此来训练学生深度探究的能力。

在生活中，学生很容易注意到一个现象：各种各样的标签和使用说明书中包含着大量的化学知识。国家在产品标识标注方面有相关规定，即不同类别的物品需要从不同角度进行标注。与化学有关的主要是成分和使用注意事项。消毒液、脱氧剂的标签上要注明成分、使用注意事项；红葡萄酒标签上要注明原料与辅料。教师可以利用对标签的研究，引导学生主动观察生活，用批判的眼光理解、解释、评价化学在生活中的作用。因为元素化合物和有机物知识的特点，以标签为代表的生活素材可以提供非常好的学习情景。

但是，目前这些情境素材的使用，往往流于肤浅。教师在教学设计中也只是用生活情景做课堂导入来增强学生的学习兴趣，对标签这种非连续性文本呈现信息作用的研究浅尝辄止。其实教师完全可以在给学生提供生活情景的基础上，进一步利用非连续性文本的信息间断性、独立性的特点，“断章取义”地挖掘出这些素材的化学教学价值，培养学生持久的探究兴趣。

教师可以将生活情境设计为引领学生进行相关知识探究的载体，用它搭建起脚手架，使其在整个教学过程中自始至终地发挥作用。这种教学模式在一般情况下可分为以下几个环节。

第 1 个环节，呈现已经存在的化学现象或者实际应用。第 2 个环节，分析产生这种化学现象的原因或者性质的体现。第 3 个环节，对分析进行提升或者拓展，实现与其他物质相互之间的转化。第 4 个环节，也就是最后环节，回到最初的教学情境，深度挖掘教学情境中的情感价值，如社会责任。

以下是基于上述思想设计的三例教学课例。

课例 1：84 消毒液有效成分及性质的探究

本节课的教学内容是氯元素及其化合物的复习，主题设定为 84 消毒液的有效成分及性质的探究。这个主题除了承载着教会学生掌握氯单质和化合物的性质、掌握学习方法和科学研究程序的任务，还是氧化还原反应的基本理论应用的落脚点。

学生可根据商品标签使用说明和注意事项判断消毒液的性质（见图 6-1）：从“消毒”“褪色”等字眼上能判断出其强氧化性；从“不适合用于碳钢和铝制品的消毒”能判断出消毒液的碱性；从“避光、阴凉处保存”能判断出其不稳定性。教师可引导学生进行大胆预测，而后设计实验加以验证。课堂的生成有的是在教师的预料中，有的是学生的奇思妙想。有的生成可能会为教学目标的实现“推波助澜”，有的可能会使课堂教学进程暂时受阻，停滞不前。但是不管哪种情况，都为学生的深度探究提供了很好的契机。原本用来检验碱性的试纸结果出现漂白的现象，教师顺势引导学生探究 ClO^- 的强氧化性。还原产物氯元素价态是个难点。84 消毒液发生氧化还原反应后是生成 0 价的 Cl_2，还是 -1 价的 Cl^-？教师可以另起炉灶，改变路线，引导学生用迁移实验来加以验证：设计过量 $FeSO_4$ 与 NaClO 溶液的试管反应，检验反应产物；向反应后的混合溶液中加入 $Ba(NO_3)_2$ 溶液，过滤，除去 $BaSO_4$ 沉淀；向滤液中分别加入 $AgNO_3$ 溶液和淀粉 KI 溶液，若出现白色沉淀且淀粉不变蓝，则证明生成的是 Cl^-。

注意事项：
1.外用消毒剂，勿口服
2.如原液接触皮肤，用清水冲洗即可
3.本品不适合用于碳钢和铝制品的消毒
4.本品易使有色衣物褪色
5.置于避光、阴凉处保存
6.请勿倒置

图 6-1　84 消毒液使用说明书

本节课从物质分类和化合价的角度来分析、预测、总结物质的性质，将氧化还原反应的理论知识融入以元素化合物和有机物知识为载体的真实问题的解决中。这个过程培养学生掌握科学探究的程序，包括设计实验、实验验证、分析现象、得出结论的探究过程，训练学生运用化学知识和学科思维方法辩证地看待化学在生活中的应用，思考有争议的社会性问题。

课例 2：葡萄酒中 SO_2 的作用探究

葡萄酒标签中显示葡萄酒中含有 SO_2（见图 6-2）。添加 SO_2 是利用它的诸多功能，即可以杀菌防腐、抗氧化、调节色泽、改善口感。这些功能体现了 SO_2 相对应的化学性质——酸性、漂白性、还原性、氧化性。换言之，葡萄酒中 SO_2 的使用价值，几乎利用了 SO_2 所有常见的化学性质。教师可将此作为很好的课堂教学主线，围绕 SO_2 勾勒出清晰的知识网络，提高学生获取信息、分析归纳的学习能力。

黛富德珍藏卡曼尼干红葡萄酒

这款卡曼尼干红葡萄酒呈现深素红色泽，口感单宁柔顺，酒体平衡协调，回味悠长。理想搭配食物为肉类、各种奶酪等。

原产国：智利　　葡萄品种：卡曼尼

葡萄采摘年份：2014 年　　产区：龙岗米亚山谷

产品类型：干型

原料与辅料：葡萄汁、二氧化硫

保质期：10 年　　灌装日期：2015 年 10 月 12 日

贮藏条件：常温避光卧放

图 6-2　葡萄酒标签

教学实施中，学生首先对 SO_2 进行分类，预测其作为酸性氧化物的性质，使用试纸探究 SO_2 的酸性。学生通过探测有无 SO_2 的溶液中细菌增殖的不同结果，初步体会 SO_2 在其中发挥的作用。

其次，通过验证 SO_2 的漂白性能，学生从中体验到 SO_2 通过漂白花青素调整葡萄酒色泽的作用。

再次，学生对比 SO_2 使不同有色物质褪色的不同原理，探究 SO_2 在遇到 $KMnO_4$、H_2O_2 等强氧化剂时所表现出的还原性，得出在葡萄酒中 SO_2 发挥了抗氧化功能的结论。

最后，通过阅读教师提供的资料，学生可知葡萄酒在酿制的过程中会产生有特殊臭味的 H_2S，影响口感。从化合价的角度判断，SO_2 理论上可以和 H_2S 发生氧化还原反应，SO_2 体现氧化性。这一分析可通过 SO_2 和 H_2S 气体混合或者 SO_2 通入 H_2S 溶液反应的实验加以验证。

整堂课以 SO_2 在葡萄酒中的作用为主线，结合文献资料，引导学生逐步探究 SO_2 在葡萄酒中的功能及其对应的性质，既帮助学生巩固了探究的方法，培养了其科学的意识，又引导学生通过总结 SO_2 对葡萄酒的诸多贡献，体会到化学物质的合理使用可以造福人类，给人类生活带来便利，从而对化学学科产生积极愉悦的情感。

课例 3：脱氧剂成分的性质探究

脱氧剂（见图 6-3）是学生在生活中经常接触的食品添加剂。本节课的课堂活动围绕着以铁粉为主要成分的脱氧剂进行探究（见表 6-1）。课堂教学设计如下：学生首先根据物理性质预测脱氧剂的成分，推测可能是铁粉或三氧化二铁。

这一过程需要用到铁和三氧化二铁物理性质很多方面的知识，包括颜色、状态、磁性等。其他无法确定的成分，引发学生对铁及其化合物化学性质的探究欲望。学生应用氧化还原理论，分析 Fe、Fe（Ⅱ）、Fe（Ⅲ）具备的氧化性和还原性，寻求它们在一定条件下实现相互转化的试剂和方法。学生的探究不仅能生成关于不同价态含铁物质的性质的结论，而且体现着氧化还原反应、离子反应等基本理论应用价值。在整节课研究的基础上，作为总结性的内容，Fe^{2+}、Fe^{3+} 的检验方法水到渠成。至此，脱氧剂的成分也有了结论。

图 6-3　脱氧剂

表 6-1　铁及其化合物性质的探究

环节	活动主题	知识载体
第 1 环节	预测脱氧剂成分	铁及其化合物的物理性质
第 2 环节	验证铁的存在	铁的物理性质、化学性质
第 3 环节	验证其他成分的存在	1. 铁的氧化物的物理性质、化学性质 2. 不同价态的铁的相互转化 3. 氧化还原理论
第 4 环节	恢复失效脱氧剂的功能	铁及其化合物性质的应用
第 5 环节	从生产、生活、实验室中寻求相关案例并加以解释	化学在生产、生活中的应用

引导学生深度学习，教师首先要学会深度提问和深度教学，要善于利用课堂中的教学情境，挖掘出有价值的问题驱动学生迈出思维的舒适区。只有这样，学生才会在教师的引领下，逐渐提高思考能力和解决问题的能力。本节课至此并没有结束。教师继续围绕着脱氧剂成分做文章，请学生寻求将变质的脱氧剂恢复还原性的方法，进而引申到不同价态的铁元素在实验室、工业和生活中的应用。本节教学设计活动形式多样，探究内容丰富，既涵盖了铁及其化合物的性质，又带领学生解决了关于脱氧剂、铁盐实验室保存、补血剂服用、制造印刷线路板等的实际问题。丰富的课堂活动锻炼了学生的思考能力、动手能力、分析能力、合作能力等。

所以，有价值的教学情境一定是内里蕴含着学科问题的情境。其内里蕴含的学科问题，应当产生于学生已有的知识和即将要学习的知识的节点上，并且与学生已有的知识经验产生激烈的矛盾冲突，从而促使学生萌生解决新问题的欲望。

取材于标签中非连续性文本信息的化学情景，将学科问题镶嵌于问题解决的过程中，通过一步一步制造悬念，一层一层解决问题，将非连续性文本中的信息有选择性地充分挖掘，深度探究，这让学生体验到知识的产生和发展。学生在全方位、立体式解决问题的过程中获得知识，从而实现预定的学习目标。

第3节　元素化合物和有机物知识对生产决策的指导功能

《普通高中化学课程标准》(2017年版)指出:“从学生已有的经验和将要经历的社会生活实际出发，帮助学生认识化学与人类生活的密切关系，关注人类面临的与化学相关的社会问题，培养学生的社会责任感、参与意识和决策能力。”因此，如何挖掘元素化合物和有机物内容的价值，使学生在学习知识的同时提高参与意识和决策能力，是一个值得深入探讨的话题。学生的参与意识不仅仅要体现在对生活、生产现象的解释上，更要体现在对生产、生活问题的解决上。教师要深入挖掘元素化合物和有机物知识对生产决策的指导功能，训练学生的深度思考能力。

我们应将学生的学习活动嵌入到产品生成的任务或者真实的事件中，让学生在对生产进行决策的过程中学习相关的元素化合物和有机物的知识，同时应用物质的性质解决实际问题，向学生充分展现元素化合物和有机物学习的知识价值和应用价值。我们深入挖掘元素化合物和有机物知识对生产决策的指导功能，不仅能够促进学生对知识的自主建构，而且还能很好地回答学生“为什么学”、教师“为什么教”的问题。学生通过对知识所能产生的社会影响和社会效益进行理智的思考判断、科学的实践，体验到化学真实且有用。

课例1:氮肥的制取及科学使用

在氨和铵态氮肥的教学过程中，可以以氮肥的生产过程为主线进行教学设计(见表6-2)。我们从植物对氮肥的需求出发，探讨如何制作越来越稳定的有效氮肥，最终实现科学合理使用氮肥的目标。

表 6-2 氮及其化合物性质的探究

环节	活动主题	知识载体
第 1 环节	人工固氮的价值	工业合成氨的方法
第 2 环节	氨气作为氮肥的优劣分析	氨气性质
第 3 环节	氨水作为氮肥的优劣分析	氨水性质
第 4 环节	铵盐作为氮肥的优劣分析	铵盐性质
第 5 环节	铵态氮肥的使用要求	铵盐性质

首先，我们展示农作物施加氮肥前后的对比效果，分析进行氨的工业合成前后地球温饱人群的统计数据。通过上述活动，学生可认识到工业合成氨的实现对于人类社会进步做出的巨大贡献。

其次，我们分析氨的物理性质和化学性质，判断使用氨气作为氮肥的不合理性，从而引出对氨水的性质的研究。

再次，具备了对氨水性质的认知之后，我们开始审视氨水作为氮肥的优劣，寻求方案解决氨水容易挥发的不足——氨与酸反应得到稳定铵盐。我们从氮肥的使用图标和执行标准入手，进一步探究氨盐的性质。

最后，我们引导学生研究铵态氮肥使用注意事项，科学地使用氨肥，辩证地看待氮肥肥效提高的同时带来的环境问题、食品安全问题。

在本节课中，对于氨、铵盐性质的学习，我们恰如其分地将其融入氮肥的生产发展和存储使用的背景中，以此为主线创设了一系列的情景。本节课自始至终以需求性驱动学生的认知动机，用目标指引学生的探究方向，用实践活动帮助学生解决问题、培养能力，最终实现了课堂的高效运转。

课例 2：石膏的制取

本节课最主要的驱动任务是利用冶金工业中的副产品制得所需的石膏。学生通过读取冶金工业生产报告中硫酸产量等相关信息，挖掘线索，研究硫元素在自然界中存在的形态，列举常见的含硫化合物，研究这些物质在自然界中如何进行转化，最终生成石膏。学生模拟自然界中这一过程，探索合理途径，研究反应原理，完成在实验室或工业中由地下矿石生产出石膏产品的设计。其中的化学原理既涉及物质在不同类别之间的转化，又涉及含硫物质在不同价态之间的转化；既涉及原理的科学性，又涉及实际生产的可行性。

我们从上述两个课例可以看出充分利用元素化合物和有机物知识对生产决策的指导功能。学生不仅学到了化学知识和科学方法，清晰地感受到所学知识能够解决的问题，而且能从整体上把握住问题依存的情境，牢固掌握知识应用的条件，灵活迁移所学到的知识。更重要的是，学生从中学会了从化学的视角了解化学对人类的影响，懂得了运用化学知识和方法合理开发和利用化学资源，在面临与化学有关的社会问题、解决社会需求时，有能力做出更理智更科学的决策。

第 4 节 价类二维图与元素化合物体系的关联功能

学生通过对元素化合物和有机物的学习，能够找到物质之间正确的关系，并搭建起它们之间的关系框架。这是学生学科知识结构化以及学科观念发展的具体表现。价类二维图不仅可以帮助学生寻求知识点之间的联系，解决元素化合物和有机物知识散、乱、杂等问题，而且可以帮助学生构建元素化合物和有机物中的化学观念，将学生解决问题的思路和方法显性化。本节重点阐述如何深度应用价类二维图在元素化合物体系中的关联功能来培养学生深度的化学观念。

价类二维图对学生认知的提升作用体现在两个阶段。第 1 阶段，信息的整合和二维图的建构；第 2 阶段，信息的提取和二维图的应用。以铁元素为例进行分析。第 1 阶段，将信息进行整合，建构图表。学生在此过程中需要完成以下思维活动：横坐标建构中，学生首先需要在已有的认知基础上，辨明铁在自然界以及实验室中的各种存在形式，然后依据分类的观点认识物质的组成和性质。在学生思考和利用的过程中，分类观得到了巩固和发展。纵坐标建构中，学生需要依据已有的价态判断方法以及元素常见化合价的相关知识，对铁元素的化合价作出准确的判断，并标定在合理的位置上。在这个过程中，学生体会到铁的“善变”，潜移默化地促进了变化观念的内化。

第 2 阶段，在提取信息、利用二维图解决化学问题的过程中，学生需要确定相关物质在二维图中所处位置，获取所包含的类别和化合价信息，然后理解这些信息之间的内涵和转化关系。比如，面对硫元素的价类二维图，教师设置任务，指导学生寻找方案，看看利用二维图中的哪些物质、通过哪些转化途径可以生产石膏。学生会分别从物质类别转化和化合价变化两个角度设计石膏的生成，提出硫酸与生石灰反应、亚硫酸钙被氧化等方案。有的路径需要兼顾两个角度。例如，利用二氧化硫来制取石膏时，从化合价的角度考虑，由二氧化硫中正四价的硫转变成石膏的正六价的硫，需要加入氧化剂。从物质类别转化来考虑，酸性氧化物转化为盐的过程中需要加入碱性物质。综合考虑，应当选取一种既有碱性又有强氧化性的物质。即使是教材上没有出现的类似过氧化钙的方案，学生也有能力提出设想。在这个思维过程中，零散的知识逐渐形成了结构清晰的整体。

在上述价类二维图建构和应用两个阶段的活动中，化学的元素观、分类观和转化观得到了落实强化。

教师不仅要重视价类二维图在元素化合物教学中对学生化学观念的培养作用，还要重视价类二维图建构和应用方法的科学性。价类二维图的建构和应用要注重系统性、连续性和递进性，防止割裂。

价类二维图的构建可以围绕着某中心物质来进行安排。比如，“实验室里研究不同价态硫元素间的转化”一节的教学，可以围绕着二氧化硫和浓硫酸两种核心物质分别进行探究，也可以按照建构图式、理解图式、完善图示、应用图示的顺序组织教学内容，对多课时的教学进行统筹安排。以“氮的循环”这一节为例，可以设计三课时的内容，分别以氮气、氨气和铵盐、硝酸为中心展开价类二维图的建构和使用。在这几个课时的教学过程中，学生可以初建图示，即使初建形成的图示不够完善。后续学习过程中学生在理解的基础上一边应用图示来解决实际生产、生活中的一些问题，一边对初建图示不断加以补充。三课时的教学内容既相互独立，又彼此关联，最后实现了知识的结构化和应用的融合性。

总之，价类二维图的使用有利于师生抓住元素化合物和有机物大概念的脉络，准确定位核心任务。我们应当充分挖掘价类二维图的价值和功能，不仅将元素化合物和有机物的知识呈现出来，而且帮助学生利用呈现出来的图示回答用什么办法解决什么样的问题。这也正是深度学习的目的所在。

在深度学习理念的指导下，我们可将学生的学习任务分为两种，一种被称为课题研究倾向型，另一种被称为项目制作指向型。上述三种元素化合物和有机物的教学思路的设计，用此标准可进行这样的划分：第 2 节和第 4 节属于课题研究倾向型，第 3 节先设定具体目标，在指向目标的过程中进行探究式学习，属于项目制作指向型。从深度学习的指导方式来看，以上三种形式也可以这样划分：第 4 节形式侧重于大概念引导的教学方式，第 2 节和第 3 节侧重于核心任务驱动的教学方式（见表 6-3）。

表 6-3　本节三种教学设计策略的归类

学习任务类别	教学设计	指导方式类别
课题研究倾向型	深度应用价类二维图在元素化合物和有机物体系中的关联功能，培养学生的深度化学观念	侧重于大概念引导
	深度挖掘元素化合物和有机物知识对生活情境的解释功能，训练学生的深度探究能力	侧重于核心任务驱动
项目制作指向型	深度挖掘元素化合物和有机物知识对生产决策的指导功能，训练学生的深度思考能力	

但是，不管如何分类，教学目标的实现和教学过程的实施都是为了引领学生学会合理地利用化学更好地为人类服务，帮助学生生成积极的认识和科学的世界观。例如 SO_2，利用情境设计教学最终解决的问题，一定不会局限在展示 SO_2 形成的酸雨对建筑物的腐蚀上，而应当是教师带领学生一起利用学习到的 SO_2 的性质，实现 SO_2 与其他物质的转化，最终解决酸雨问题。这样的教学设计既不刻意回避化学不利的一面，又帮助学生贯彻体验了化学应用积极价值的一面。

基于本章的案例分析，深度学习对元素化合物和有机物教学设计的指导应遵循以下几个原则。

深度学习需要将教学设计扎根于真实的情景中，否则教学就是无本之木，无源之水。本章的教学设计，都是将学生的学习目标置身于知识产生的特定情境中。学生通过积极参与具体情境中的社会实践来获取知识，建构意义和解决问题。在这个过程中，学生不仅要懂得相关的结构化的浅层知识，还要理解掌握情景问题等非结构化的知识——这些非结构化的知识往往使用非连续性文本表达。学生最终有能力将知识灵活应用在各种具体情境中解决实际问题，在真实的情景中体验挖掘出关键特征，并在相似的情景中建立合理的联系，实现知识的迁移。

深度学习需要将教学设计扎根于学生的认知结构中，否则学生所学到的只是碎片的知识，感受到的只是肤浅的概念。教师在进行教学设计的时候，需要将教材的内容打散，依据概念的内涵和学生的认知规律重新组合，将看起来孤立的知识要素进行有意义的建构，使内容具有弹性化和框架式的特征。这样才能引领学生以整合的方式存储、分析、应用信息，产生的知识结构才具有再生性。

深度学习需要将教学设计扎根于深度的批判中，在批判中去浮留质。无论是知识建构过程中的认知冲突，还是化学学科在社会应用中辩证的价值，无论是知识层次，还是精神层次，抑或是责任层次，有了批判才会有创造力。只有最终生成创造力的学习，才是优质学习、深度学习。

总之，在基于深度学习的元素化合物和有机物的教学设计中，教师一定要考虑到教学内容中蕴含的化学问题能否引发学生知识建构、促进知识迁移，能否引领学生弘扬化学学科的价值。这些都是教师应该具备的基本教学思想。只有抓住了以上深度学习的本质，我们才能充分发挥元素化合物和有机物的教育教学价值，帮助学生养成深度学习的习惯，提高学生的学习质量，提升学生的化学核心素养。

第 5 节　“硫的转化”教学设计

一、课标分析

结合“硫的转化”知识点来对照课标进行分析，我们可以发现，关于本部分的知识点不同版本的课程标准各有不同侧重点。《普通高中化学课程标准》（2003 年版）要求：“学生要根据实验了解硫等非金属及其重要化合物的主要性质，认识其在生产中的应用和对生态环境的影响。”《普通高中化学课程标准》（2017 年版）要求：“学生要结合真实情景中的应用实例或通过实验探究，了解硫及其化合物的主要性质，认识这些物质在生产中的应用和对生态环境的影响。”《普通高中化学课程标准》（2017 年版）要求：“① 能依据物质类别和元素价态列举某种元素的典型代表物；② 能列举、描述、辨识典型物质重要的物理和化学性质及实验现象；③ 能从物质类别、价态角度预测物质的化学性质和变化，设计实验进行初步验证，并能分析、解释有关实验现象；④ 能有意识地运用所学的知识或寻求相关证据参与社会性议题的讨论。”

对“硫的转化”教学内容进行目标分解时，我们首先要依照教材文本构建概念图，确定教学重点。本节主要介绍了硫元素及其化合物间的转化关系，以及在解决酸雨问题方面的应用，重点讲解了硫单质的化学性质以及不同价态硫元素之间的相互转化。其次，我们要依据学情确定重点难点（认知的基础、关键点、障碍点、发展点分析）。在前面几节，学生在已经认知碳的多样性、氮的转化的基础上，再度深刻理解不同价态元素之间的转化、应用氧化还原反应的规律及其本质。对于学生来讲，方程式的书写仍是难点。应该明确的是，在“硫的转化”教学内容中，“自然界的硫”与“实验室里研究不同价态硫元素间的转化”是我们本部分知识的重点，但不能忽视关于“酸雨及其防治”知识点的讲授。最后，我们要分解行为动词，确定行为程度。例如，对知识点的概念体系，我们要关注其行为动词和行为程度；对硫的物理性质的描述要做到准确完整；对不同价态硫元素间的转化要用方程式表示，方程式的书写要准确完整；对酸雨及其防治的内容要进行了解并正确叙述。

二、设计说明

“硫的转化”是鲁教版高中化学必修 1 第 3 章第 3 节的内容。本章的核心内容是元素化合物知识，主要是应用第 2 章的概念和理论知识认识物质的性质，探讨物质在生产、生活中的应用以及人类活动对生态环境的影响。

从内容编排上来看，第3节“硫和含硫化合物的相互转化”在“碳的多样性”和“氮的循环”之后，是对元素化合物学习方法的应用和延续。本部分内容通过对硫及其化合物性质的整理和归纳，初步形成硫和含硫化合物之间相互转化的知识网络，探寻含硫物质相互转化的规律，体现了非金属及其化合物的学习方法。本部分内容与第4章中金属元素知识部分的对比，更是在知识面和思维品质上的提升。本部分内容教材的组织充分体现了高观点、大视野和多角度的特点。本节以硫的转化为线索，探索不同价态硫元素在自然界、实验室以及生产生活中的转化。

硫及其化合物是本节的核心知识之一。硫及其化合物的主要性质之一在于氧化性和还原性，而不同价态硫元素之间的转化正好能够体现各种含硫物质的氧化性和还原性。无论是自然界中火山的喷发，还是酸雨环境问题以及实验室中对硫元素物质的探讨，都以不同价态硫元素间的转化为核心。许多科学研究者也在进行类似的研究，比如，如何对煤进行脱硫，将脱下的硫制成硫酸；如何将硫酸生产过程中产生的废物再回收利用，提高硫转化的效率。

本节的内容设计如下：由自然现象引出硫的核心内容，采用了“从自然到化学，从化学到社会”“从自然界到实验室，从实验室到社会生活”的思路，将学生对自然界的认识、对社会生活实际的了解与化学实验室的科学探究三者紧密联系在一起，开阔他们认识元素与物质的视野，引导他们建构更加富有应用迁移价值的认知框架。在本节教学内容中，三条基本的内容线索同时推进：① 化学学科的基本知识线索；② 科学探究和化学学科的思想观念、研究方法和学习策略；③ 反映化学与社会、环境、个人生活实际以及其他科学和技术有着广泛联系、相互作用和影响，具有STS教育价值的内容主题和学习素材，如硫的氧化物对环境的影响、火山资源的利用。

三、学科素养及学业质量水平分析

“硫的转化”内容的核心素养及其发展重点可以概括为四点。首先，学生进行宏观辨识和微观探析。此核心素养发展重点为，学生依据氧化还原反应过程中的电子转移情况推测产物，解释反应原理。其次，学生要具有科学探究和创新意识。此核心素养发展重点为，学生充分发挥实验在化学探究中的重要作用。再次，学生进行证据推理和模型认知。此核心素养发展重点为，学生依据问题寻找信息、设计实验，将实验中的现象作为证据进行推理，分析产物。在推理分析的过程中，学生逐步建构分析非金属单质的一般思路和方法。最后，学生形成科学精神和社会责任。此核心素养发展重点为，学生通过与生产生活的联系，认识硫及其化合物对环境产生的影响，学会化学用品的正确使用方法。

“硫的转化”内容的学业要求为：能根据物质的组成和性质对物质进行分类；根据实验事实了解氧化还原反应的本质是电子的转移，举例说明生产、生活中常见的氧化还原反应；通过实验了解硫等非金属及其重要化合物的主要性质，认识其在生产中的应用和对生态环境的影响。

四、学习目标、重点及难点

学习目标如下：能够说出自然界中常见的重要的含硫物质，从氧化还原反应角度建立起不同价态硫元素之间的转化关系；通过观察、实验归纳出硫单质的物理性质和化学性质；能书写相关反应的化学方程式；通过对硫的化学性质的学习，能体验研究物质性质的一般方法；能够说出硫在生产、生活中的一些重要应用。

学习重点如下：从氧化还原反应角度认识自然界中硫元素之间的相互转化关系；运用硫的主要物理性质和化学性质解答具体问题。

学习难点：硫单质的氧化性和还原性。

五、评价目标

“硫的转化”评价标准，包括 3 个活动评价指标：收集处理信息的能力、提出问题检验假设的探究能力、作出解释和结论的能力。其中，收集处理信息的能力分为 3 种水平：第 1 种是学生从原有的知识和信息中提取信息的水平，第 2 种是学生结合课堂提供的资料从原有的知识和经验中提取信息的水平，第 3 种是学生对所收集的信息进行加工和整理，将信息转变成化学问题和为己所用的问题的水平。提出问题检验假设的探究能力也分为 3 种水平：第 1 种是学生能根据已有的经验提出问题，并且对问题的解决方案作出初步的论证；第 2 种是学生能从大量信息中排除大量无关因素，并合理地利用有价值的因素；第 3 种是学生能合理地选择利用有价值的信息，设计依据现有的条件可行的实验方案，按计划有步骤地实施。作出解释和结论的能力也分为 3 种水平：第 1 种是能将现有的科学知识与收集到的证据之间建立联系，作出符合逻辑的说明，面对结果，能找到原因；第 2 种是能够通过对当前科学知识的理解、对证据的权衡和对逻辑的检查来确定最佳解释；第 3 种是能对证据进行比较、分类、归纳、概括，找出事物的本质，并且将之推广到该事物的群体对象中，建立知识结构。

六、教学过程

教学过程见表 6-4。

表 6-4 “硫的转化”教学过程

教学环节	驱动问题与任务	教师活动	学生活动	设计意图
课题引入	【设问】火山喷发带给人类什么？	【播放】新闻:火山喷发	被新闻中火山喷发的壮丽景观所吸引和震撼	创设课堂探讨的情境
		【补充】俄罗斯将火山开发为旅游景点的案例	依据生活实际和预习知识回答,火山带给人类的除了灾难,还有巨大的能量、大量含硫气体和含硫矿石	从化学的角度看世界,使学生认识到自然界给人类提供的宝贵资源。以火山喷发作为切入点,逐渐让学生接触含硫物质
	【设问】火山喷发产生的含硫物质在自然界中是怎样转化的？	【引入】自然界中含硫物质多种多样,并且硫的不同价态之间可以进行转化。这种转化,在实验室中也可以实现。今天我们从最简单的硫单质开始学习	根据教材知识用语言描述火山喷发出的含硫物质在自然界中的转化过程	1. 落实学生的预习情况; 2. 使学生明确不同价态的硫在自然界中的转化

续表

教学环节	驱动问题与任务	教师活动	学生活动	设计意图
自学整理 合作探究	1. 根据对物质物理性质的研究方法，设计实验探究硫的物理性质，观察并记录实验现象； 2. 观看视频资料，浏览文字材料、图片等，完成下列学习任务：(1) 从不同角度对硫元素在自然界中的存在形式进行分类，并寻找不同分类结果之间的规律；(2) 将对硫单质的认识进行归纳，用表格、思维导图或知识体系等其他形式表示； 3. 在学习小组内交流，将存在的疑问和需要进一步探究的问题填入“小组问题汇报卡”中，交给教师； 4. 学习小组代表交流“对硫单质的认识”，完善自己对硫单质的认识，并对自己的总结进行补充	【布置自学整理任务】 1. 查阅资料、设计实验探究硫的物理性质； 2. 预测硫的化学性质并加以验证； 3. 将对硫单质的认识进行归纳并整理在表格中 【提出合作探究要求】 1. 通过实验用品、Pad中的电子资料和硫的自学网页进行查阅并加以验证； 2. 在自学整理的基础上小组合作探究； 3. 小组内仍然解决不了的问题，由组长负责整理，记录在小组汇报卡上，上交给教师，一起研究解决 【指导】 1. 规范学生实验操作； 2. 随时为学生答疑，并给予方法指导； 3. 指导学生处理好溶剂二硫化碳； 4. 收集学习小组的问题卡	1. 物理性质的研究：观察硫粉的外观；查阅硫的同素异形体的图片；操作实验，验证硫在水、二硫化碳等溶剂中的溶解等； 2. 化学性质的研究：首先，根据课前预习，从物质的类别和化合价两个角度预测硫的化学性质，然后通过电子资料中的实验视频加以验证； 3. 总结硫的性质：从物理性质、化学性质、用途三方面进行总结	1. 以问题驱动学生学习，以学生参与为主体，通过自主查阅相关资料，培养他们学习的主体意识； 2. 利用实验用品、Pad等资源为学生的探究提供开放式学习环境，培养他们的探究能力、实验能力、协作能力； 3. 在实验中学生会遇到一些问题，通过探究将有关问题解决了，可以培养他们解决问题的能力，同时也有助于暴露他们学习中的不足
		【板书】引导学生板书自学成果，并且相互补充	小组的代表在黑板上展示自学成果，小组之间相互补充	提高学生收集、处理信息的能力，培养口头表达能力
观察实验 问题探究		【展示】问题比较集中的小组问题卡 【指导】引导学生相互之间答疑	学生问题集中点： 1. 硫的熔沸点高低判断； 2. 硫黄对食物的漂白； 3. 硫在水和酒精中溶解度的差别； 4. 硫和铁的反应等	利用学生小组间合作互助的学习方式，简单问题由学生讲解

续表

教学环节	驱动问题与任务	教师活动	学生活动	设计意图
观察实验 问题探究	【问题】观察到什么现象？得到什么结论？	【演示实验】比较硫在水、酒精中溶解能力的改进实验	观察实验现象，分析实验结果	通过对实验的观察和分析，强化学生的实验探究的思想
	【问题】问题组1：(1) 观察到什么现象？得到什么结论？(2) 根据现象预测产物中铁元素的化合价，并说明判断依据。(3) 已知FeS难溶于水，但易溶于酸，$FeS+2HCl=FeCl_2+H_2S\uparrow$，若要利用化学方法检验产物中铁元素的化合价，如何设计方案，简要写出实验步骤、现象和结论？	【演示实验】硫单质与铁粉反应的改进实验 【演示实验】演示学生设计的方案，对假设加以验证 【问题】问题组2：(1) 对比氯气与铁、硫单质与铁反应产物中铁元素的化合价，能否比较硫与氯气氧化性强弱？(2) Cu有+1、+2两种常见化合价，能否推测硫黄与铜反应的产物并写出化学方程式？	1. 观察实验现象，分析实验结果，完成问题组1； 2. 小组讨论设计验证方案：(1) 从产物颜色判断可能为FeS；(2) 产物与盐酸反应后滴加高锰酸钾溶液，若紫红色消失，证明假设正确； 3. 学生个人完成问题组2	使学生明确，化学探究活动是一个完整的过程，探究实验之后需要进行详细的总结和概括，要对实验中出现的问题给予解释。这样有利于培养学生良好的科学素养
	【问题】观察到什么现象？得出什么结论？结合硫与氧气的反应，如何总结硫与非金属反应的规律？	【播放】实验视频：硫单质与氢气反应	1. 观察实验现象，分析实验结果； 2. 根据上述事实，总结硫单质的氧化还原性特点：既有氧化性，又有还原性；常体现氧化性，但氧化性比氯气、氧气弱	引导学生用氧化还原反应的理论分析硫的性质
	【问题】根据以上事实，如何用一句话总结硫单质的氧化还原性特点？	【总结】硫单质氧化还原性的特点	1. 分析本节课硫参与的反应的化合价变化； 2. 总结硫单质的氧化还原性的特点	引导学生用氧化还原反应的理论进行硫的性质分析，使学生对氧化还原反应的理论有更高层次的认识和理解

续表

教学环节	驱动问题与任务	教师活动	学生活动	设计意图
知识运用 问题解决	思考题内容见下文“教学反思”内容	【指导】指导学生思考，解决实际问题	学生独立思考，而后小组讨论研究，最后选派代表展示结果	联系实际，将所学知识与实际问题紧密结合起来，培养学生关注生活、用化学知识解决实际问题的能力
总结整合	【问题】请从方法和知识两方面，对本节课进行总结	【总结1】方法方面，进一步熟悉了研究物质性质的基本程序和实验探究的方法 【总结2】知识方面，完善了对硫单质的认识，包括物理性质、化学性质、用途	1. 学生以本节课的硫的性质探究、硫和铁反应产物的探究等为例，总结研究物质性质的基本程序； 2. 有兴趣的学生课后研究如何以硫黄为原料制取硫酸	引导学生不仅要重视知识的积累，也要重视科学方法的培养
	【倡议】别用化学制造问题，请用化学解决问题，因为化学是我们的生活，是我们的未来。相信学生一定会用好化学，让化学造福我们的生活和未来	【播放】雾霾视频 【讲述】硫及其化合物在为人类造福的同时，也有一些负面新闻。硫，到底是天使还是魔鬼呢？我们一起倾听硫及其化合物的宣言	联系实际，学以致用，深刻地感受化学与生活的密切联系	1. 教育学生辩证地认识化学物质，化学物质虽有危害人类的一面，但更多的是对人类有益的一面； 2. 使学生初步体会硫元素在工业方面的转化

七、设计亮点

1. 教材处理方面

本节课教材内容较少，但是通过对教材的挖掘、教法的梳理，仍然能达到很好地训练学生思维、培养学生能力的目的。对教材的改进主要体现在以下两方面。

（1）教学素材的补充

在电子资料中，教师补充了大量的硫在生产、生活中应用的实例；在课堂中，教师补充了硫在自然界的来源、硫在雾霾问题中的角色等；在情感方面，教师补充了自己改编的化学版《你在或者不在——硫及其化合物的宣言》。最后的宣言在试讲中只是供学生自己观看，学生很感兴趣；后来教师制作了音频，配上了音乐，使其更加具有感染力，这也增强了对学生情感态度、价值观的教育效果。

（2）化学实验的改进

因为环保问题，本节课的实验采用了不同的方式。对硫的物理性质的探究，学生分组进行实验；硫与钠的反应以及硫与氢气、氧气的反应由学生观看实验视频；硫与铁的反应实验、硫在水和酒精中溶解度的比较实验、亚铁离子的检验实验由教师进行演示。最后三个实验是教材上没有的补充实验，既帮助学生解决了学习中的困惑，又很好地预防了由硫的氧化物造成的环境污染。在这节课的实验中，调整最多的是铁与硫的反应，因为不好操作，并且容易造成污染。第 1 次改为用酒精灯在石棉网下加热，但是污染比较厉害；第 2 次改为在直玻璃管中进行，但是实验现象不够震撼，最后采用现场特写录制实验的方式，效果较好。

2. 教学设计方面

一堂课的教学结构是否合理，主要看教学内容的结构是否符合学科的逻辑关系，对知识的教学过程是否符合教学逻辑关系，整堂课的教学是否详略得当、思路清晰。

（1）教学方法

整个过程实行了“小翻转式”课堂教学。课堂上让学生先根据已有知识自学，不懂的地方发挥小组合作的作用互助；再有小组不懂的地方，那就一定是本节课的难点，由教师统一在课堂上引导学生探究，如果是本节课的重点，教师也可以利用这个环节进行强调；最后在学习了知识的基础上学以致用，检测学生的掌握情况。从教学实施情况来看，落实效果良好。

本节课学法指导主要采用激励式小组合作探究的学习方式，发挥学生的主观能动性，培养学生的探究技能。教法设计采用激励式小组合作探究、媒体助学、情境激学、实验促学、学案导学等方式，尤其是利用了“互联网 + 化学教学”的技术，设计开发硫的自学网页，建立电子资料库，充分地发挥信息技术的作用，大大激发了学生的学习热情，提高教师的教学效率。

1）激励式小组合作探究学习

这是笔者学校的重点研究课题，也是近几年学校的教学改革的重点工作。在这种模式下，学生已经养成自主、合作、探究的学习方式，所以整节课气氛很活跃，学生参与程度很高。在回答教师提问的问题时，学生之间能踊跃地相互补充、相互订正，这种生生之间解决问题的方式正是学生主体地位的体现。

2）媒体助学

“互联网 + 化学教学”的技术是本节课的亮点之一。Pad手段的应用为本节课提升了效率和效果，让课堂更具有互动性、趣味性、开放性。信息技术在课堂中的应用大大提高了学生的学习效果，充分展示了技术应用为教育教学带来的新气象。从课堂实施情况来看，学生对网络技术毫无“违和感”，开发的网页和电子资料库学生用起来很熟练流畅。这也给教师提了个醒，就是从某些角度来看，教师落在了学生后面。信息技术的使用，既提高了学生的学习兴趣，又成了一个很好的引导学生自主学习的途径和方式。

3）情境激学

本节课的情境创设主要分两个方面，即问题情境和生活情境。本节课从生活情境入手，用问题情境统领全局，以生活情境结束。大量的生活情境真正体现出“从自然到化学，从化学到社会”“从自然界到实验室，从实验室到社会生活”的思路，将学生对自然界的认识、对社会生活实际的了解与化学实验室的科学探究三者紧密联系在一起，开阔了他们认识元素与物质的视野，引导他们建构起富有应用迁移价值的认知框架。问题情境则激发了学生探究的欲望，增强了学生的问题意识。

4）实验促学

本节课对学生能力的培养表现为探究物质性质的基本程序和方法，先预测而后实验验证。所以实验贯穿于整堂课中，并且基本上都达到了预期效果。几个改进的演示实验完成得很成功。但是，在学生探究实验中发现学生实验的基本操作存在不少问题，说明以后需要多给学生这方面的指导和训练的机会。

5）学案导学

本节课保留了传统的“课前预习区”“课堂探究区”“知识巩固区”三大块区

域，增加了“课前检测区”，便于学生及时对自学情况进行检测，以了解学生的掌握情况。本节课增加了“预习产生的疑问”，引导学生思考、质疑。教师在预习学案批改的过程中发现，不少学生将自学时的问题记录下来，带着问题进行课堂研究，针对性和有效性更强。

（2）教学环节

本节课的教学过程分为5个环节，各环节安排见图6-4。

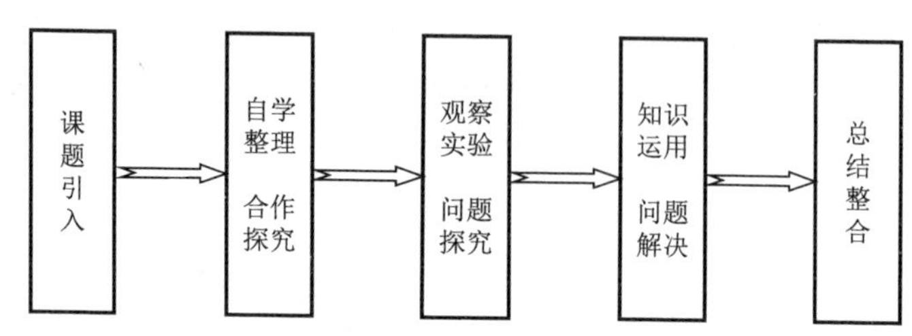

图6-4 “互联网＋元素化合物”的课堂教学环节

本节课的教学过程分为“课题引入”“自学整理 合作探究”“观察实验 问题探究”“知识运用 问题解决”“总结整合”。第2环节、第3环节、第4环节是本节课的核心环节，环环相扣，层层深入，这也是本节课的另一个重要亮点。首先，本节课让学生先根据已有知识自学，不懂的地方发挥小组合作的作用互助。再有小组不懂的地方，那就一定是本节课的难点，由教师统一在课堂上引导学生共同探究。如果是本节课的重点，但是学生觉悟不到，教师也可以利用这个环节进行强调。最后，学生在学习了知识的基础上学以致用，检测掌握情况。这种课堂流程尊重了学生的认知规律，培养了学生的探究能力，让学生成为课堂上真正的主人，教师充分发挥引导者作用。因为对学生、教师角色定位准确、清晰，所以本节课授课过程中线条清楚、节奏合适、思路清晰。

八、教学反思

本节课较好地完成了教学目标，取得了良好的教学效果。本节课从学生已有知识出发，关注了化学与生活、化学与社会的关系，关注了课堂教学效果，整节课学生的收益是比较大的。

1. 教师的教学效果

（1）教学的基本观念

教师从学生已有的经验出发实施教学，重视三维目标的落实，关注“教学效益”，树立了“以培养学生的科学探究能力”为目标的理念，贯彻了“以学生为主体，体现学生学习的自主性”的教学原则。

（2）教学情境的创设

本节课设置合适的情景，如问题组、实验、新闻报道、生活中的化学现象，让学生通过对问题的思考或对实验现象的描述、分析，完成对知识的学习；强调自主参与，重视引导学生自己发现和提出问题，进行探究；重视合作交流，适时地组织学生进行交流和讨论；恰如其分地运用各种媒体手段，真正体现教学手段为教学目的服务的思想。

（3）教学内容的处理

教学内容符合课标要求，突出重点，突破难点；创造性地运用教材，改进实验，增加素材，重视联系社会生活实际，拓展学生的视野，帮助学生构建合理的认知结构；最大限度地调动学生进行积极思维，思考力水平高。教学设计科学，教学模式优化。

2. 学生的学习效果

（1）自主性

整节课几乎所有的学生都能够积极主动地参与学习活动，主动质疑，相互补充，不断改进，自由表达不同意见。

（2）探究性

学生在课堂上主要通过自己的探究实践活动进行学习，积极发现问题，大胆提出问题，课堂充满求知欲（问题意识）和表现欲（参与意识）。

（3）合作性

小组讨论组织得适时恰当，提倡组内合作、组间竞争，课堂有感染力，有竞争。学习情境充满情趣，人际环境宽松、平等、民主。在开放式问题的启发下，学生能够体验成功、承受挫折。

3. 教学目标的达成效果

学生通过积极参与教学活动，在知识技能、过程与方法、情感态度与价值观等方面顺利实现学习目标。在硫单质的知识总结环节、小组代表展示答案环节、知识应用环节、课堂总结环节，90%以上的学生解答正确且完整，绝大多数学生在小组同学的帮助下能全部掌握所学知识和有效的学习方法。通过小组实验探究、观察思考、讨论归纳等学习活动，不同层次的学生都体验到科学探究、主动获取知识的过程，发展了个人能力。通过预测、实验、分析、归纳、总结等探究过程的经历，学生体验到探究的喜悦，认识到化学在生活中的作用，进一步了解了化学的价值，获得了积极的情感体验。虽然学生的基础一般，但是从对本节课的知识掌握情况来看，取得了令人满意的结果。

以下是各个题目学生的完成情况分析（见表 6-5）。

表 6-5 学生习题完成情况分析

题目	正确率	出错原因	纠错训练措施
1. 某同学在实验中不小心打碎了温度计，他向教师要来硫黄洒在水银上，这种做法的原理是什么？利用了硫黄的什么性质？	90 % 的学生正确，说明学生基本上掌握了从氧化还原的角度对硫的性质分析	个别学生错在汞元素的元素符号上	在基础知识上还需要对学生进行强化训练，让学生把知识落实在笔头上
2. 欲除去试管内壁附着的硫黄。以下四位同学的做法，请你判断是否可行。 （1）甲同学选用酒精洗涤，可以吗？ （2）乙同学选用二硫化碳洗涤，可以吗？ （3）丙同学查阅到反应 $3S+6NaOH \xlongequal{\triangle} 2Na_2S+Na_2SO_3+3H_2O$，可以使用热的烧碱溶液进行洗涤。反应中硫表现了什么性质？ （4）丁同学在空气中加热试管，使硫黄变成 SO_2 气体挥发。	前面三问 90% 以上的学生全部答对。第 4 问 20% 的学生答错	部分学生对二氧化硫的毒性不太了解	在下一节课学习了二氧化硫的知识后会掌握这个知识点。这个问题也可以成为下一节课的伏笔
3. 黑火药的主要化学成分是硝酸钾、木炭、硫黄。黑火药的主要化学反应方程式是： $S+2KNO_3+3C=K_2S+3CO_2+N_2$ （1）在这个反应中，体现了硫的____性。 （2）若要设计实验分离黑火药中的三种成分，简要写出操作步骤、所用试剂、操作名称。 硝酸钾、木炭、硫黄 —（　　）（　　）→ {（　　）—（蒸发结晶）→ 硝酸钾；（　　）（　　）→ {木炭；（　　）—蒸馏→ 硫黄}}	第 1 问整个班级全部正确，第 2 问得分率只有 50%左右	第 2 问常见错误是第 1 步采用加热的操作方法，暴露出学生实验能力薄弱的问题，不了解对混合物进行分离的几种基本操作及适用范围	常规教学中加强对学生的实验训练，包括实验的基本操作和基本理论

4. 本节课需要调整提升的地方

本节课探索使用“互联网 +”的技术，是一个很好的尝试。学生学起来效率更高，教师教起来如虎添翼。但是，教师在开发自学网页时深深感受到了技术支持的重要性。另外，要使“互联网 +”的教学方式常态化、科学化、更加有效，要提高我们教师自己的信息技术水平以更好地为教学服务，我们任重而道远。

另外，由于学生的知识所限，教师对硫在水和酒精中的溶解性比较实验原理解释得有些模糊。改进措施如下:课前制作微课程,提供给学生,供有能力的学生自行研究。

九、教学展望

“互联网+元素化合物”的课堂教学设计,利用互联网打破了传统的元素化合物和有机物的教学边界,从知识建构的发展性、教学内容的整合性、合作过程的开放性、教学过程的立体性、教学评价的及时性等方面改变了传统的课堂教学形式,针对学生的问题来组织教学内容,充分体现了学习者的主体地位,真正使“信息技术对教育发展的革命性影响”成为现实。

“互联网+元素化合物”的课堂教学设计,不仅要求教师继续研究元素化合物内容在培养学科素养方面的功能与价值,而且要求教师研究教学与互联网相整合的模式并促使新模式在实践中逐步完善,这对教师提出了更高的要求。不仅是元素化合物和有机物的教学,其他化学模块也可以利用“互联网+”技术,采用合适的教学形式来助力。如何使“互联网+”的教学方式常态化、科学化、高效化,如何提高我们教师自己的信息技术水平以更好地为教学服务,这是新课程理念下教师面临的新的挑战。

第7章

教材素材的利用

第1节　加强教材图表提示指导语的研究和应用

在化学教材中,图表类非连续性文本系统一般由三部分组成:图表标题、图表、图表提示指导语。心理学家研究三者的作用后发现,如果给图表加上一个标题,会帮助学生更快地理解主题;同样一幅图表,给不同的人不同的文字提示或者说明,学生会产生不同的理解或者不同的联想。化学学科的特点决定了教材中需要使用大量的图表类非连续性文本。图表提示指导语对于提高学生化学学习效果发挥着重要的作用。

一、图表提示指导语的定义

什么是图表提示指导语呢?简单来说,就是用来指导教师和学生读取图表中的解释和说明,继而启发师生联想、思考的文字表述。

图表提示指导语是教材非连续性文本系统的重要组成部分。非连续性文本是否有指导语,指导语的作用是否充分发挥,对于学生的学习效果有着很大的影响。指导语一般设置在非连续性文本系统的开头位置,旨在引领学生确定图表读取的方向,指导学生图表读取的方法,引发学生对图表的兴趣,通过对学生的图表认知活动给予必要的提示、引领和指导,搭建起沟通学生和图表系统的桥梁。也就是说,指导语是指引学生认识非连续性文本系统实质内容的核心,承载着实现图表系统教学有效性的重要功能。

在指导语的帮助下,学生对图表的读取由无意注意转为有意注意。指导语能够帮助学生迅速准确地抓住非连续性文本系统中引领思考的最主要、最关键的内容。但是，目前在化学教学中，很少有明确的"图像指导语"或"非连续性文本系统指导语"的概念或者说法。教师应当根据化学学科的特点，加强这方面的研究和应用，使之充分发挥作用，帮助教师引领教学方向，选择教学内容，进行目标设计，实施学习任务，开展课堂活动。

二、非连续性文本系统的分类

非连续性文本系统可从不同的角度进行不同的类型划分。依据指导语（文字）和图表的结构位置，非连续性文本系统可以分为左图右文型、左文右图型、上文下图型和上图下文型等几种主要形式。

根据学生的阅读目的和阅读习惯，不同的排列方式会产生不同的效果。以左图右文型为例进行分析。这种形式的非连续性文本系统中，图片表达信息比较直接，能帮助学生更快地了解表达的知识内容，更快地寻找到自己需求的信息。鲁科版《化学反应原理》第34页图文就是采用这样的排列方式。学生的视线顺序一般是从左往右的。学生首先看到左边剧烈反应现象的图片，引发学习兴趣，然后到右边的文字中寻找相应内容。

人们的日常生活习惯也遵循这样的规律。挑选物品时，一般都是先看外包装的形状、颜色、大小，然后再阅读相关的文字信息，判断价格、原料、属性等，最后做出决定，如图7-1所示。

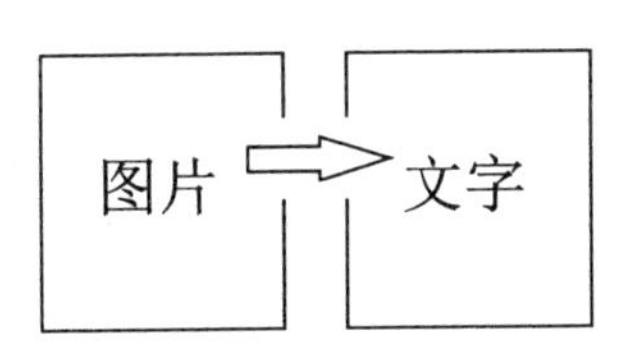

图7-1　左图右文信息阅读顺序

但是，在化学等学科的学习中，左图右文容易出现一个问题。如果图片包含的信息过于隐蔽或者包含信息量较大，学习者一眼无法理解图片全部内容。若要进一步了解内涵，就需要阅读文字进行信息补充，然后再回到图片上来，如图7-2所示，这样就造成了视觉反复。在教材中如果受到版面所限或者照片清晰程度影响，这个问题可能更为严重。所以，采用左文右图型布局，虽然与常规的视觉习惯有所差异，但是与学习者的学习习惯会更加吻合（见图7-3）。

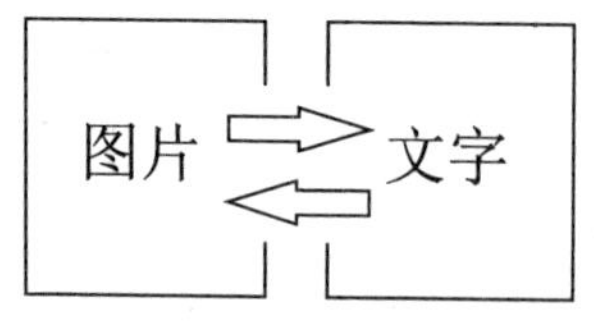

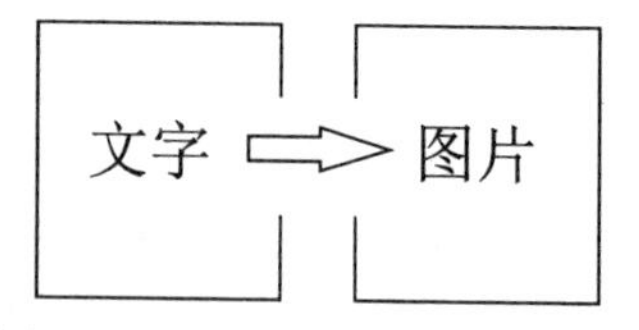

图 7-2 左图右文信息阅读顺序

图 7-3 左文右图信息阅读顺序

我们注意到教材的编排几乎都采用了左文右图的版式。作为揭示科学原理的自然学科,化学采用这种形式编排非连续性文本有利于学生阅读和思考的流畅。但是,可能是因为过多地考虑了排版界面的统一而忽略了结合需要表达的信息和学习者的阅读习惯等因素进行多样化设计,这种排版方式并不适合所有内容。

提示指导语在不同系统中承担着不同的教学功能。从化学教学方法和手段相结合的角度,可将其分为问题指导语、评价指导语、解释指导语、情境指导语、因果指导语、补充指导语、过程指导语等。从非连续性文本系统中图表与文字表达内容发挥作用的主次关系上,可将其分为两种类型,一种以图表为主体,以指导语进行补充说明、阐述原理,另一种以指导语为主体,图表次之。在目前的化学教材中第 2 种情况相对较多。

根据上述分析可以看出,对于不同的知识信息和内容载体,应当设置不同的呈现方式。简单图表的情境指导语,尽可能选用左图右文和上图下文的呈现方式;能够引发学生深度思考的问题指导语、补充指导语、评价指导语等,尽可能选用左文右图、上文下图的方式;当图表系统指导语需要由图表、文字共同呈现时,如过程指导语、因果指导语等类别,可以考虑上文中图下文的形式。

以上分析给我们较大启发。在高中化学教学过程中,很多教学行为——课堂板书的呈现、课件和微课的设计与制作、试卷题目中图文的排版等都可以应用此规律。采用科学的遵循学生认知规律的信息呈现方式,会最大限度地发挥非连续性文本系统中指导语的作用,提升学生的学习效果。

三、教师设计和使用指导语遵循的原则——“三位一体”原则

指导语指导学生思考,帮助和促进学生认知图式的建构,教师应从认知策略的角度来设计和运用指导语。目前,教师在授课过程中对图表的讲解一般情况下都会使用一定的指导语,但是低效现象比较严重,表现为指导语信息承载的内容过于简单,或者相关要素表现不够全面、典型性不强、信息滞后等,严重制约了指导语作用的发挥。

教师对教材中现有的非连续性文本系统指导语的应用要科学。目前,教师对此利用程度和使用方式不一。有的教师上课内容和教学设计是完全按照教材的提示指导语;有的教师对教材指导语有选择地使用,把教材指导语作为教学资源中的一部分;还有的则是对教材中的提示指导语进行调整或者再加工,设计出最佳指导语来帮助学生学习。以上方式要结合具体知识和教材呈现灵活应用。若教材设计科学,内容得当,可直接使用。若教学设计思路与教材并不相同,但是教学过程中又以教材图表为教学素材,那就需要另外设计指导语。鲁科版教材中关于双液原电池原理探究的非连续性文本系统中,指导语采用了以下问题组:① 在盐桥插入之前,检流计指针是否发生偏转?② 在盐桥插入之后,是否有电流产生?③ 与图 1-3-2 所示的原电池相比,该原电池具有什么特点?④ 通过本活动,你对原电池有了哪些新的认识?

本节课的整体设计思路,如果采用"单液原电池分析原理→双液原电池改进装置→新型电池的开发和应用"为教学主线,那么本环节可以设计如下探究目标:① 通过对比实验验证盐桥的作用;② 对比研究双液原电池的优点;③ 进一步完善对原电池装置的认识,增强原电池装置的设计能力。教材中的指导语很好地为上述教学目标设置了台阶,教师使用教材中的指导语,就可以帮助学生逐步加深对原电池原理的理解。

在此过程中,指导语也可以进行适当加工。上述指导语的第 4 小问属于发散性问题,不同的学生会有不同的理解。这个思考题是在对原电池的原理和装置组成理解的基础上设计的。对于部分学生来讲,如果接受知识慢一些,或者掌握不够熟练,这种问题可能会令其无从作答。教师可以根据学生情况适当调整,比如明确指向性:"你对原电池的装置组成或者原电池原理有了哪些新的认识?"

换一种教学思路,如果本节课侧重于帮助学生进行模型的建构和完善,那么同样的图表就需要不同的指导语。非连续性文本系统的指导语可做如下设计:① 本电池装置的组成有哪几个要素?尝试画出原电池的装置模型;② 电池装置中各要素各发挥了什么作用?③ 用横坐标表示装置要素、纵坐标表示原理要素,画出二维图,尝试总结出原电池的思维模型。在这一组指导语的引领下,学生可以在宏观方面总结出装置模型,在微观方面研究原电池四要素的作用。

从上述案例分析可以看出,教师在设计和使用指导语时要遵循"三位一体"的原则(见图 7-4)。

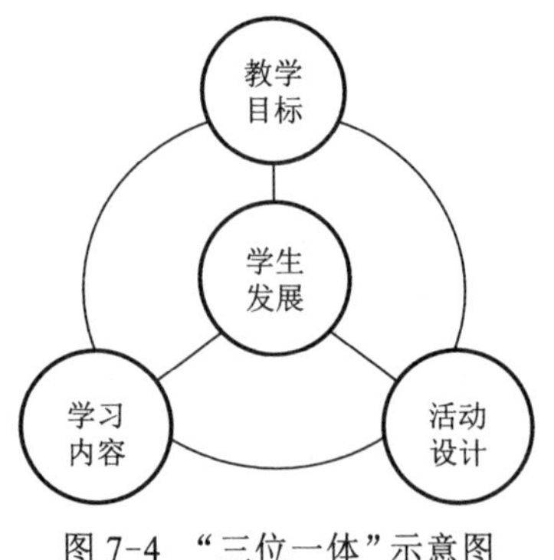

图 7-4 “三位一体”示意图

教师对指导语的使用和设计，需要依据具体教学内容和活动安排。图表提示指导语的内容要具备科学性，符合概念发展规律；知识要具备时代性，与新闻时事相契合，融入化学热点话题及内容；逻辑方面要具备系统性，尊重学生认知发展规律和化学学科的逻辑结构，由浅入深，由简而繁，兼顾学生个体差异；广度方面要具备衔接性，学科内外进行统整、联系。

活动设计要尽可能符合以学生为中心、用活动做导向的原则。要设置与生产生活情景高度相关的内容，让学生有机会表达和应用习得的知识，引发学生学习的兴趣与动机；要安排活泼多元的教学活动，给学生提供主动参与探索的机会；要设置富有挑战性及批判性的问题，实现学生的深度学习。

判断指导语是否高效，除了关注教学资源内容和活动设计，更重要的是还要关注能否帮助学生达到学习目标。指导语的内容要能为课程的教学目标服务，技能要求和语言描述要符合学生的能力水准，包含的内容要与实际教学需要相匹配，情境选取和设计要尽可能贴近学生的认知经验，深广度要在符合学生的最近发展区的基础上具备一定的衔接性和整合性，活动形式要尽可能采用自主合作的学习方式，促进学生主动探究。总之，教师在设计和使用指导语时要遵循教学目标、学习内容和活动设计“三位一体”的原则。

四、教师设计和使用指导语时采用的方法——“问题式”启发

教师为对图表系统进行指导而设计的问题，不仅要就图表本身的内容直接提问，而且要重视对比反思、推理等理性思考的问题设计。中外各个版本的教材对问题型指导与设计都给予了高度的重视。美国教材中的设计问题涵盖了比较、归纳、预测、推理、分类等多种形式。我国香港特区版教材中非连续性文本系统的问题设计比例高达 95%。

教材中指导语的问题设计，有助于学生充分挖掘图表中蕴含的信息，促进学

生问题的产生；有助于指引学生思考的方向，增强问题解决的目标性；有助于培养学生接受挑战的能力和批判思考的能力，增加学生的思维容量，充分发挥图表的教育教学价值。在问题呈现的方式上，目前很多学者在问题组、问题串等方面已做了深入的研究。这些都是很好的做法。

在化学教学中，对不同内容和不同类型的图表，可从不同角度进行指导语设计，尤其可从方法指导、实验现象、理论分析等方面引导学生观察和思考。展示生活现象的图片指导语，可联系化学为人类带来的便利或者给人类造成的危害；展示实验现象的图片指导语，可研究其反应实质和符号表征方式；化学家们的头像指导语，可以与化学史相结合，或者结合化学家做出的贡献，培养学生的科学精神和社会责任感；表格的指导语，一般要深究表格中各因素的意义、它们之间联系、数据计算，寻求共同点，判断变化趋势、变化原因；柱状图、曲线图等的指导语，则要关注横坐标、纵坐标之间的关系，并且对变化过程进行分析、评价，进而预测；机理模拟图的指导语，要侧重于从微观的角度，利用箭头指向等标识引导学生关注符号表示的含义、微粒的变化过程和变化结果，寻求原因和规律。

教师要重视化学教材中章首图表提示指导语的使用和再设计。与教材正文中指导语的主体定位不同的是，每一个章首图表系统的指导语都属于以指导语为主、以图表为辅的典例。指导语的内容通常包括本章要学习的内容、要实现的学习目标、下阶段要研讨的问题。这部分非连续性文本的模式比较成熟，目的就是为了激发学生对本章内容的学习兴趣，增加目标引领的效能，有利于引领学生把握学习探究的方向。

章首指导语一个显著的特点是大多数内容来源于生产生活，而生产生活中的化学是丰富多彩、讲究艺术的。这就需要教师注重联系实际情况，加强对指导语的再加工，而不能对教材照搬照用。教师可以选择最新资讯更新图表信息，调整指导语。如“原电池的工作原理”一节，笔者上课前正值2019年诺贝尔化学奖揭晓期间。该奖项颁发给了在锂电池方面做出突出贡献的三位科学家。以这个新闻信息内容为指导语更有助于吸引学生，帮助学生将学习内容与时代潮流相契合。根据本单元的教学活动和学习内容，在科学性、衔接性、生活性、联系性和可操作性等诸方面，指导语都可以进行再加工。这些符合学生的发展需求。

总之，不管哪方面的化学教学内容，指导语的设计和使用都要尽可能采用“问题式”启发形式：问题要关注分析图表系统中的意思和蕴含的内容，启发学生从图表中获得有用的信息，并有助于其进行图文转换；问题要注意引导学生关注示意图中的箭头方向、数据坐标的纵横关系或者曲线的变化规律，并且进行分析和评价，帮助学生推断其变化趋势；问题要有助于分析图表中客观事实的形成或者变化过程，有助于判断各因素之间的因果关系；问题要注意引导学生分析化学变化中的共同点和差异性，关注化学规律的提炼和落实；问题要关注综合信息的表达，有助于学生综合思考相关问题。

如果把化学研究类比成人体的话，那么非连续性文本系统就是人体中的各个部位，而其中的提示指导语相当于各部位的毛细血管，虽然细微但是必须通畅。如果说非连续性文本系统中的图表是硬件的话，提示指导语就是软件，正是这个软件帮助学生打开了通向化学世界的窗户。提示指导语的有效性是决定非连续性文本系统质量高低的重要因素。高中化学图表指导语的设计是建构高效学习的重要一环。化学教师只有重视指导语的作用，提高自己的审视能力，才能逐渐形成自己设计指导语的风格，提高应用指导语的能力，最终提升化学教材非连续性文本的效能。

第 2 节　对教材中非连续性文本的调整和转化

非连续性文本在当今各个社会领域被广泛运用，与我们的日常生活、学习和工作联系也日益密切。非连续性文本阅读能力已成为我们信息化时代必备的能力。比如，现在遇到问题即上网搜索已成为人们的习惯，网上查阅具有其他实物资料查阅无可比拟的优势：信息量大——一搜往往就有很多条的信息；效率高——短平快，节约时间；趣味性强——往往图文声并茂。同时，它们也有一个共同的特点，即提供给我们的是海量的非连续性文本。所以，提升个人的非连续性文本的阅读能力对个人发展极其重要。它能极大地丰富我们的知识，促进思维立体发展，提升信息处理能力，从而帮助我们更好地学习、生活。

化学是一门研究物质组成、结构、性质和变化规律的自然学科，学习者需要对物质进行宏观、微观和化学符号三方面的感知。非连续性文本在化学知识的表征方面更具备表达优势。物质的性质、用途、实验装置等宏观知识用图片表示会更清晰、形象；微观知识主要是指物质的组成、结构、反应机理等，微观结构的特点、数量特征以及空间分布特征，在图表的帮助下，更有利于帮助学习者在头脑中形成多重感知，最终形成理性认识；作为化学独特的语言系统，化学符号具有特定的语法规则，是化学学科进行思维和交流的最基本工具。非连续性文本的表示方法，有助于学习者巩固、加深对化学知识的理解和记忆，强化用化学的方法来思考和解决问题的思路和意识。反之，非连续性文本的表达方式对学习者阅读能力也提出了更高的要求。

在对教师和学生的问卷调查和访谈调查过程中,“教材中多增加非连续性文本”的建议占了较大比例。对我们现行的高中化学教材图表进行统计,然后和美国版、新加坡版、韩国版教材比较分析后发现,我国化学教材与上述国家教材在图表数量、图表分布、图表内容、图表形式等方面均存在一定差距。我国教材不仅仅非连续性文本在教材中的分量不足,大多数教师对非连续性文本也都缺乏利用的意识,所以全面而又有效地利用好教材中的非连续性文本是用好教材的前提。

本节对鲁科版教材中不同内容、不同类型的非连续性文本信息进行研究,并利用课堂教学和课后训练环节指导学生对教材进行非连续性文本信息的再设计。以下案例以鲁科版化学必修1教材中的知识为主要依据,分别从化学理论与应用、元素化合物性质及其在生产生活中的应用等方面,采用非连续性文本的方式进行呈现。这些非连续性文本的类别涵盖卡通图、示意图、化学符号等,尝试对教材中的非连续性文本进行有益的补充或者替代。

1. 基本概念和基本理论

案例1 根据物质的组成对物质的分类

具体内容见鲁科版教材化学必修1第33页图2-1-4。本节设计非连续性文本图7-5替换原图。

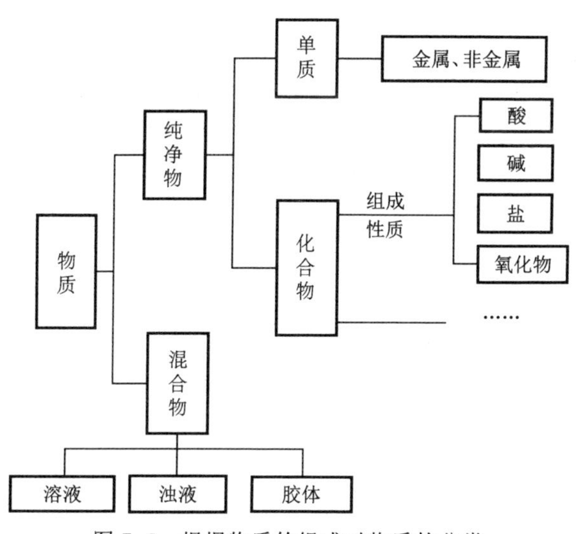

图7-5 根据物质的组成对物质的分类

案例2 离子反应实质

具体内容见鲁科版教材化学必修1第45页。本节设计非连续性文本图7-6。

建议教材增加此示意图。

$$
\begin{array}{ccc}
H_2SO_4 & = & 2H^{+} + SO_4^{2-} \\
 & & + \quad\ + \\
Ba(OH)_2 & = & 2OH^{-} + Ba^{2+} \\
 & & \downarrow \qquad \downarrow \\
 & & 2H_2O \quad BaSO_4
\end{array}
$$

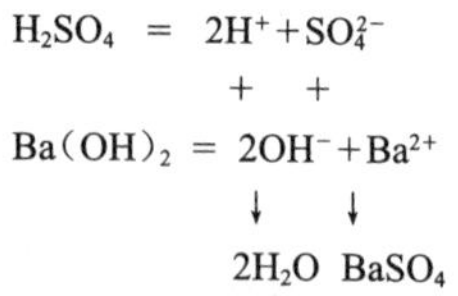

图 7-6 离子反应实质

案例 3 氯化钠的形成

具体内容见鲁科版教材化学必修 1 第 50 页第 1 自然段。本节设计非连续性文本图 7-7。建议教材增加此示意图。

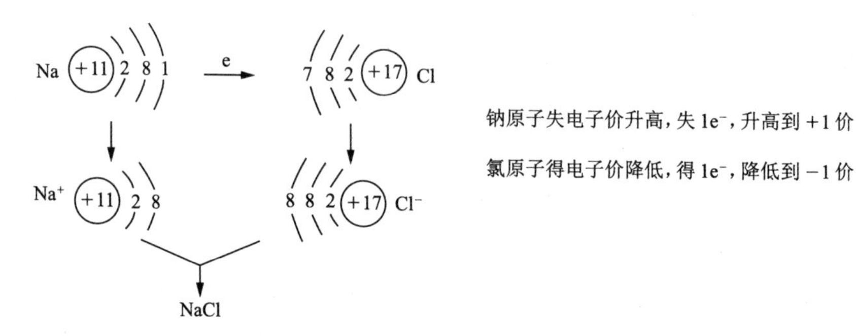

图 7-7 氯化钠的形成

案例 4 原电池的工作原理

具体内容见鲁科版教材化学必修 2 第 51 页第 1、2、3 自然段。本节设计非连续性文本图 7-8。建议教材增加此示意图。

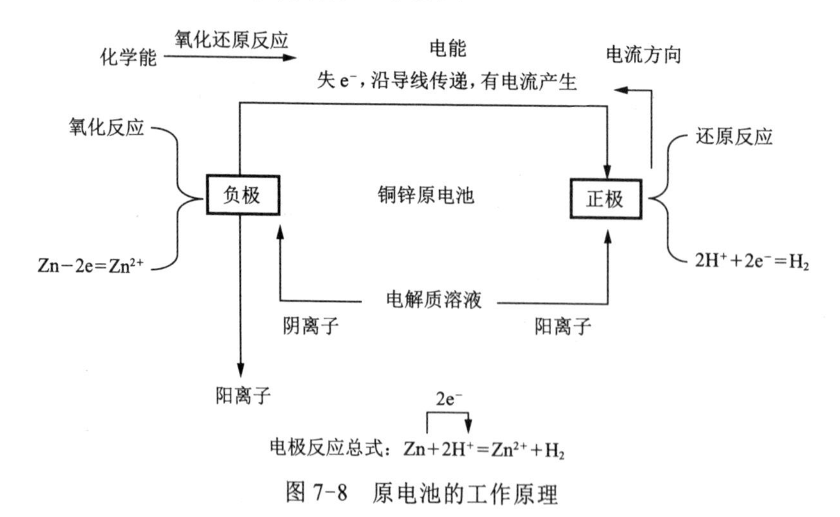

图 7-8 原电池的工作原理

案例 5　氧化剂和还原剂

具体内容见鲁科版教材化学必修 2 第 52、53 页。本节设计非连续性文本图 7-9。建议教材增加此示意图。

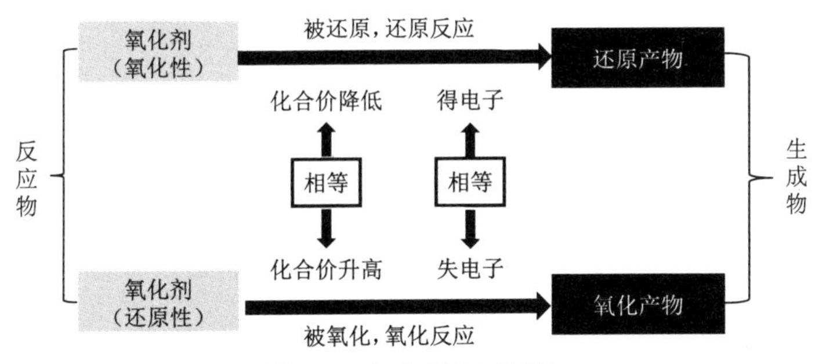

图 7-9　氧化剂和还原剂

2. 化学在生产生活中的应用

案例 6　污水处理厂

具体内容见鲁科版教材化学必修 1 第 47 页第 5 题。本节设计非连续性文本图 7-10。建议教材增加此图。

图 7-10　污水处理

案例 7　铁在生活中的应用

具体内容见鲁科版教材化学必修 1 第 56 页。本节设计非连续性文本图 7-11。建议教材增加此图。

图 7-11　铁在生活中的应用

案例 8　广泛存在的氧化还原反应

具体内容见鲁科版教材化学必修 1 第 51 页。本节设计非连续性文本信息

图 7-12。建议教材增加此示意图。

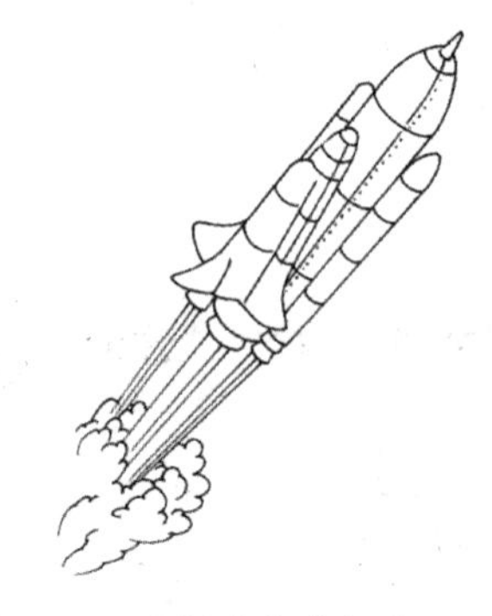

图 7-12 广泛存在的氧化还原反应

3. 化学实验

案例 9 $NaHCO_3$ 的不稳定性

具体内容见鲁科版教材化学必修1第65页。本节设计非连续性文本图 7-13。建议教材增加此图。

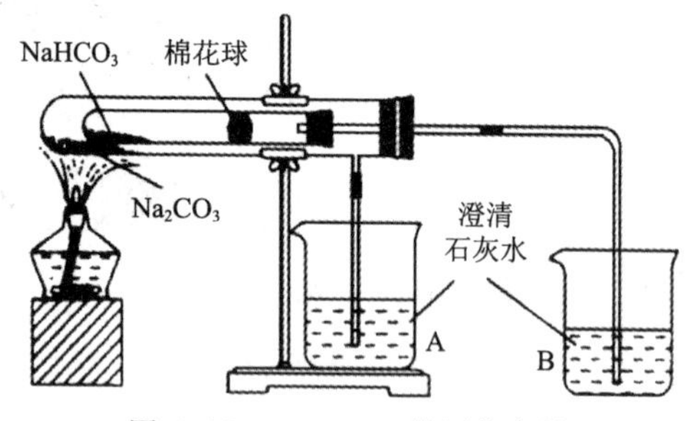

图 7-13 $NaHCO_3$ 的不稳定性

4. 元素化合物性质

案例 10 铁及其化合物

具体内容见鲁科版教材化学必修1第53页。本节设计非连续性文本图 7-14。建议教材补充此图片组。

图 7-14 铁及其化合物

案例11 铁及其化合物的氧化性和还原性

具体内容见鲁科版教材化学必修1第55页。本节设计非连续性文本图7-15。建议教材增加此示意图。

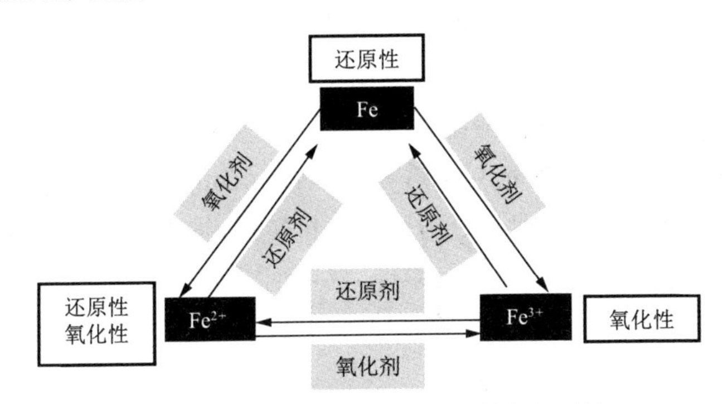

图7-15 铁及其化合物的氧化性和还原性

合理地利用教材中的非连续性文本，将它们进一步开发或者补充，既有利于学生非连续性文本阅读能力的提升，又可以加深学生对化学知识和教材内容的理解和感受。充分地利用教材中的图表等资源，可以提高学生的观察力，帮助学生获取有价值的文本信息。

第3节 板书设计

板书作为动词，可以定义为教学活动方式，是指教师在黑板或白板上书写以传递信息的教学行为。板书作为名词，可以定义为一类信息，是指教师在黑板或白板上呈现出的书写内容和教学信息，用于帮助学生了解和掌握教学内容。作为一种信息呈现方式，板书是典型的非连续性文本，其中图表类非连续性文本占了较大的比重。在化学教学中，文字、符号、图表是这类板书主要的构成元素。尽管现代教学技术日新月异，但是板书具备的独特功能仍然是不可替代的。教师应当重视板书的作用，同时重视通过板书的设计提升非连续性文本的表达能力。

一、板书的教学功能

首先，板书的功能是帮助学生在课堂听讲过程中实现不同注意方式的相互转化。课堂中学生的注意力由无意注意、有意注意和有意后注意三部分组成。教师利用准确清晰的教学语言和具体形象的事物引发学生的无意注意；通过适时的提醒、任务的驱动、重点的凸显等行为，帮助学生维持有意注意；当学生无须意志努力实现明确的自我目标驱动，进而有序地开展学习活动时，这是将注意方式转换到了具备最佳学习效果的有意后注意。持续的有意后注意会继而转化为无意注意（见图 7-16）。在这个循环、交互过程中，板书发挥了重要的作用。整洁规范的板书吸引学生的无意注意，同时降低了学生单一依靠听觉获取信息的疲劳感；通过丰富多样的图画形象和板书活动场景，可以激发学生长时间的有意注意；学生对板书中高度概括的凝练性知识的学习需求、教师针对重难点知识为学生设计的适时任务驱动，都有利于培养学生将持久的有意注意转换为有意后注意，最终实现整个课堂中三种注意方式的有机转换，提升教学效果。

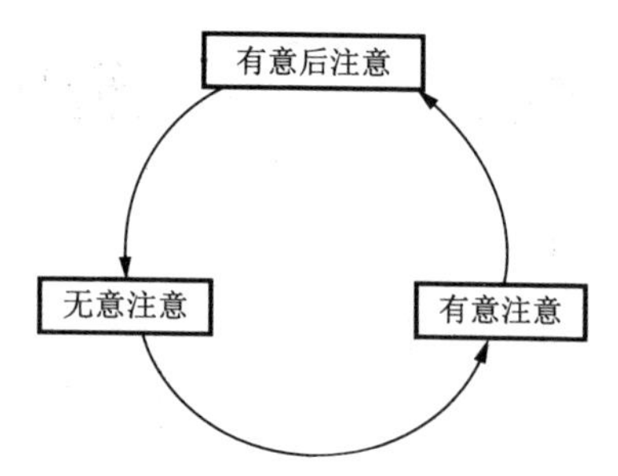

图 7-16　课堂中学生的注意方式

其次，板书在课堂中是一个动态的生成。虽然板书内容需要预设，但是板书更多地是教学过程动态的呈现：图文信息与语言信息同时的动态呈现，师生思维与化学知识同步的动态呈现，预设内容与课堂生成结合的动态呈现。教师通过一边板书，一边讲解，为学生提供示范，帮助学生捋清事物之间的关系以及发展变化的趋势。学生不仅学习到了化学知识，而且体会到了思维过程，掌握了问题解决的方法。化学中很多图示需要呈现给学生，如化学反应速率与化学平衡的关系示意图、对溶液中离子除杂流程图、有机物合成路线示意图。如果像 PPT 等多媒体一样直接给学生呈现最后的结果，忽略图像的生成过程，学生往往容易过多地去关注化学知识生成的结果，而对生成的过程及概念的本质缺乏深度理解。所以说，板书是化学课堂中帮助教师动态课堂顺利实施的有效载体。

再次，学生通过对板书的理解、记忆、创生，完成信息编码、信息储存、信息加工和信息再生的过程。良好的板书条理清晰、重点突出、逻辑分明。教师利用非连续性文本的构成元素——点、线、图、表、符号、文字等，表示知识结构，凸显重难点、关键点，帮助学生加深知识理解，提升思考能力。课堂上其他教学手段呈现的信息往往是短暂甚至一次性的，而黑板或白板上的信息容易保留。学生对教师板书的每一次关注，都会形成对板书内容的强化。这有利于学生对知识进行系统化的记忆和巩固，整体建构思维。另外，教师引导学生主动参与课堂，包括参与板书的设计与完成。学习氧化还原反应的时候，学生可以设计若干形式的板书导图表示氧化还原反应的本质和规律。在这个过程中，学生需要与教师思维同步，将知识加工成结构式，在反思中进行信息内化，最后将所思所学创生为板书形式。所以说，板书是化学课堂中帮助学生搭建认知结构的脚手架。

二、板书的构成要素

1. 版面的布局

板书的版面布局主要是指各部分内容以不同的形式分布排列在板书的不同位置。根据读取信息的思维习惯，人们对于不同位置的内容观察频率是不同的。一般情况下，人们对左上方内容的观察频率最高，其次是左下方，观察频率最低的是右下方。所以，教师在书写板书时应尽可能地采取自上而下、从左往右的顺序。有的板书有主副之分。主板书是一节课的主要内容和纲要，副板书是对主要问题的说明和解释，强调推算的过程或者对学生的学习评价。主板书一般情况下保留整节课，副板书可根据情况更换。常见的板书布局主要有左主右辅或中主边辅两种形式。一般将主板书写在左边或者中间凸显一节课的主要框架内容。合理的板书布局能起到突出重点、提纲挈领的作用。

2. 内容的编排

板书主要包括以下内容：本节课的课题名称、授课提纲、教学重点和要点，如重要的原理、表达式、性质、方程式、概念，以及针对这些主要内容补充的材料。板书要通过提示重点和关键部分，科学、系统、概括地反映教学内容的知识结构。所以，板书的内容从标题的确定、各部分出现的层级及相互之间的联系，再到文字的详略等，都需要提前设计，统筹编排。板书纲目要清晰，层次要分明，格式要统一。板书只有做到“纲举”，课堂才会做到“目张”。

3. 文本的表征

色彩营销学讲究“7秒钟色彩定律”，即在短短7秒钟内人们就可以决定是否对观察对象感兴趣。影响人们决定的诸多因素中，排在前三位的依次是色彩、图形和文字。其中色彩的作用占到67%，成为决定人们信息判断的首要因素。

教师的板书要注意利用不同颜色对学生视觉的冲击力。色彩学家实验结果证明，人们对色彩的知觉度比例如下：橙21.4%，红18.6%，蓝17%，黑13.4%，绿12.6%，黄12.0%，紫5.5%，灰0.7%。由此可以看出人们对色彩的嗜好性，橙色和红色最吸引注意力。黄色虽然醒目，但不太受偏爱；蓝色和绿色明视度不强，但是比较受欢迎。化学板书中使用不同的色彩也可以帮助提升化学板书的表达效果。重点用红色，难点用橙色或者黄色，关键点或者疑问点用绿色或者蓝色，一般的内容在黑板中用白色、在白板中用黑色，这些都有利于吸引学生的注意力，诱发学生的观察倾向。

决定学生短时间内信息判断的另外两个因素是图形和文字。化学宏观、微观和符号的三重表征决定了化学板书的文本构成以文字、化学符号和图表为主。板书时要注意化学专业语言的专业性和准确性。例如，化学符号书写要求规范，化学条件标识要求完整。学生常常在化学反应方程式书写中漏掉反应条件，在沉淀溶解平衡表达式中遗漏状态的标识，这些现象与教师在板书时对条件或者状态的忽略有很大的关系。另外，化学学科中存在大量图表，如示意图、轨迹图、脉络图、简画图、流程图、表格，这也是化学学科的独有现象。图表绘制中线条要清晰，比例要恰当，图形要准确。

4. 时间的把握

板书时机要与课堂教学过程相一致，与其他的教学媒体相配合。要做到示之有序，适时书写。一方面，教师要做周密的考虑，提前设计，杜绝随意性。具有提示性的板书，如课前预习成果，一般在课前准备时间完成。要规范书写或推导分析过程，一般边讲边写，这样更能将学生的注意力集中在书写内容和方法引导方面，具有示范性和启发性。而具有总结性、概括性的板书一般在分析归纳结束之后由师生共同完成。另一方面，教师要根据课堂的进展情况进行创新和现场发挥。课堂上往往会有一些突发事件或者教师没有想到的问题，板书也要随之灵活应变。

三、化学板书的类型

如果对板书这种非连续性文本系统中的核心内容以版面布局的不同方式划分，常见形式有以下几种。

1. 纲型——归纳知识特征，关注知识生成

20世纪60年代从苏联传入的“纲要信号”图示法的板书形式成为数十年来我国教师板书的主要形式之一。教师在板书中对物质的各方面属性进行分类，梳理认识物质的方法和过程，理顺知识脉络，直观地再现整节课的讲授内容和化学知识结构，将学生需要理解和识记的内容按照逻辑顺序列成简明扼要的纲目。这种板书设计条理清晰，重点突出，便于帮助学生抓住关键内容理解知识要点。

纲型板书适用范围较广，目前大部分内容的学习都可以采用纲型的板书。

图 7-17 以钠为例呈现了课堂中学习和研究元素化合物的思路和方法，并且罗列出了钠单质的主干知识。课堂以“结构决定性质，性质决定用途”为线索，先后研究了钠的结构、性质（包括物理性质和化学性质）、用途。板书中重点词句简明扼要，同一种物质多角度的认知层次分明，避免了无关信息对学生注意力的干扰，方便学生条理清晰地对教材内容和知识体系进行理解、记录、记忆、归纳和复习。

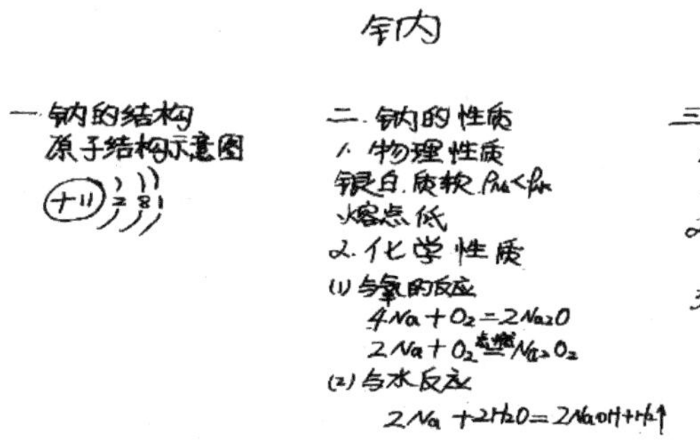

钠

一、钠的结构
原子结构示意图

二、钠的性质
1. 物理性质
银白、质软、$\rho_{Na}<\rho_{水}$
熔点低
2. 化学性质
(1) 与氧的反应
$4Na+O_2=2Na_2O$
$2Na+O_2\xlongequal{点燃}Na_2O_2$
(2) 与水反应
$2Na+2H_2O=2NaOH+H_2\uparrow$

三、钠的用途、保存、存在
1. 用途
导热、还原剂、电光源
2. 保存
煤油中
3. 存在
自然界中化合态

图 7-17　钠单质教学板书

2. 线型——穿引核心脉络，突出逻辑关系

线型，又称为脉络型，常见的分为流程图和联络图两种形式。如果把化学中的概念或者物质当作点的话，在板书中，就可以通过箭头等符号串点成线，通过串联化表述指向，通过结构化展示逻辑关系，解析概念与规律之间的内在联系，描述事物之间的转化态势，引导师生的思路历程。

板书中可以利用有机物官能团相互转化的联络图指出物质之间的衍生关系，也可以利用图 7-18、图 7-19 这样的流程图，以时间或空间顺序为线索，对物质的制备流程、思维模型等进行描述。章节复习课、实验课常用线型板书代替烦琐的语言文字阐述，帮助学生形成脉络体系，有助于系统化、规律化地理解、掌握和应用知识。

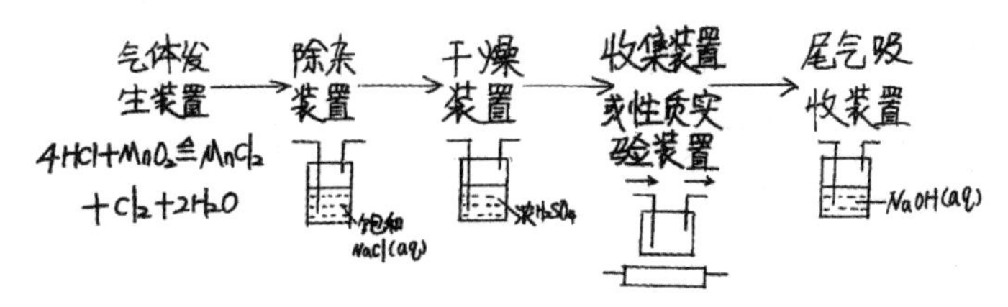

图 7-18　氯气的实验室制备教学板书

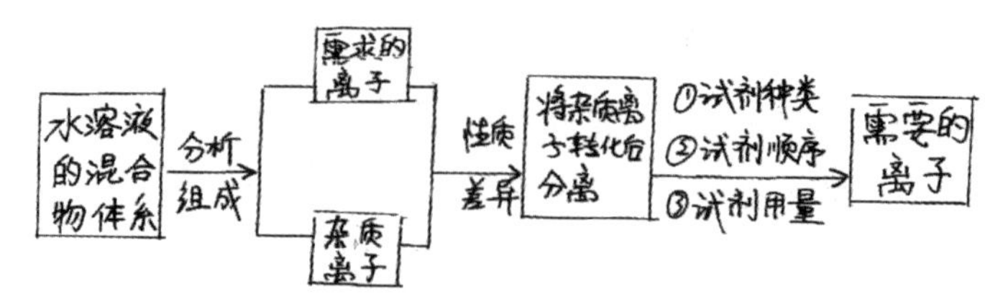

图 7-19 粗盐提纯流程教学板书

3. 网型——构建模型导图，关注统摄思维

大概念视域下的高中化学知识是网络型、立体式结构。网型板书正是基于这一特点，把代表各级主体的知识点用连线连接，揭示相互之间的关系，用网络揭示相互隶属或者相关的层级，图文并重地将关键词、图像、颜色等要素用图形化的技术建立链接。思维导图是网型板书的典型代表。

网型板书具有三方面的优势。首先，网型板书有利于帮助学生构建知识网络并不断将其完善。在教师启发引导学生“接线成网，套链成环”时，学生主动地参与认知，整体把握知识架构，寻找知识之间的逻辑关系，描绘化学模块知识全貌，逐渐形成模型化的知识结论，最终形成大概念。所以说，网型板书发挥了良好的结构教学的积极作用。

其次，网型板书有利于提高学生的思考能力。它能帮助学生改变单线思维的状态，激发他们的发散思维和创造力。在网型板书中，学生不能被动地去记忆教师的话或者文字表述，而是需要自己积极主动地对核心资源进行加工分析。这个过程不仅有利于学生的知识累积，而且更重要的是，在学生依据关联性将信息分门别类地进行管理的过程中，文本信息的储存管理和应用更系统。这极大地训练了学生的理解能力、记忆能力和元认知能力，提升了他们的思维深度。

再次，网型板书有利于培养学生的视觉素养和信息素养。视觉素养要求学生在学习的过程中不仅能够看图，而且要会读图，理解视觉现象真正想要阐述的意义。信息素养要求学生在读懂网型板书的基础上，能够尝试用不同的视觉符号去表达、组织化学信息，最后进行评价和思考。网型板书是训练学生提升非连续性文本阅读能力的有力途径之一。比起线型板书，网型板书可以容纳更大的信息量，方便用符号、图画、文字等标识进行多重表征的分析，帮助学生形成用不同文本形式进行思考的习惯。从形象思维转化为抽象思维，从接收信息到理解、再到生成的过程，有效地提高了学生的视觉素养和信息素养。

4. 表型——对比解析异同，提升信息素养

化学中有一些相近的概念、相似的性质、易混淆的内容。这些内容一般头绪较多，知识容量较大，可归在表格中研究共性或者对比区别。内容精炼、对照鲜明的表格能达到长篇累牍的文字描述和冗长的语言叙述难以清楚表达的效果。通过列表将事物之间的相似性和差异性清晰地揭示出来，有助于引导学生辨析异同，总结规律。

下面以电解规律的探究为例研究不同板书信息呈现方式对学生认知的影响。

板书 1

电解熔融的氯化钠	阳极：$2Cl^- - 2e^- = Cl_2$
	阴极：$2Na^+ + 2e^- = 2Na$
电解水	阳极：$4OH^- - 4e^- = 2H_2O + O_2$
	阴极：$4H^+ + 4e^- = 2H_2$
电解氯化钠水溶液	阳极：$2Cl^- - 2e^- = Cl_2$
	阴极：$2H^+ + 2e^- = H_2$

板书 2

	阳极	阴极
电解熔融的氯化钠	$2Cl^- - 2e^- = Cl_2$	$2Na^+ + 2e^- = 2Na$
电解水	$4OH^- - 4e^- = 2H_2O + O_2$	$4H^+ + 4e^- = 2H_2$
电解氯化钠水溶液	$2Cl^- - 2e^- = Cl_2$	$2H^+ + 2e^- = H_2$

两种板书在内容方面完全一致，都是用化学语言描述电解原理。但是，板书 2 只是在形式上进行了微调，就将携带不同电荷的离子、不同氧化性和还原性的离子比对，学生很方便从中寻找到阴阳离子放电的实质。当堂随机检测中，采用板书 2 教学的班级，在黑板上书写电解方程式的四名学生中，有三名首要步骤是列出溶液中的阴离子和阳离子种类，这说明学生已经理解了电解中粒子氧化还原的实质。而在采用板书 1 教学的班级，四名同等基础的学生无一人有此活动。

所以，在板书过程中，教师除了关注知识的准确性、完整性、科学性之外，还应该关注陈列给学生的信息采用什么方式较为合适。板书形式取决于知识内容，更取决于教师如何帮助学生建构这些知识内容深处的概念本质。

表型板书是训练学生非连续性文本信息素养的另一种有力方式。无论是填充表格，还是从表格中提取相关信息，都需要学生研究表格的横行数据、纵列数

据和纵横关系。这很好地训练了学生思维的条理性，使之形成概念整体化的认知，促进了学生概括能力的提升，培养了比较归纳的方法。此类板书一般用于化学基本概念、基本原理、物质的分类和性质比较等内容的教学。

元素化合物中对氧化钠和过氧化钠、碳酸钠和碳酸氢钠等物质性质的学习常采用对比式表格，看起来一目了然，既找出了研究对象的共同点，又找出了差异性。图 7-20 是乙酸的电离平衡影响条件解析表，有助于学生总结出化学平衡理论在乙酸电离平衡中的应用，继而让学生学会判断水溶液中弱电解质的离子行为。

弱电解质的电离平衡

一、弱电解质电离平衡的定义

1. 定义　$V_{电离} = V_{结合}$

2. 特征　逆、动、等、定、变

3. 影响因素

改变条件	平衡移动方向	$n(H^+)$	$[H^+]$	$[CH_3COOH]$	$[CH_3COO^-]$	电离程度
升温						
加水稀释						
加冰醋酸						
加 HCl(g)						
加 NaOH(S)						
加 CH_3COONa(S)						

图 7-20　乙酸的电离平衡教学板书

总之，由图像、图表、符号、文字等元素构成的板书，在教学中发挥了非连续性文本特有的优势。教学中教师应当板书与思路同步，使用多种元素丰富表达，增强教学展示效果。图 7-21 用图生动形象地表示了氧化还原反应与 4 种基本反应类型之间的关系，极大地吸引了学生的注意力，激发了学生的学习兴趣。这样按照课堂探究思路谋篇布局的板书，既能在黑板上直观替换，又能长期保留，既活化了知识，又构建了模型，提升了学生的化学核心素养。

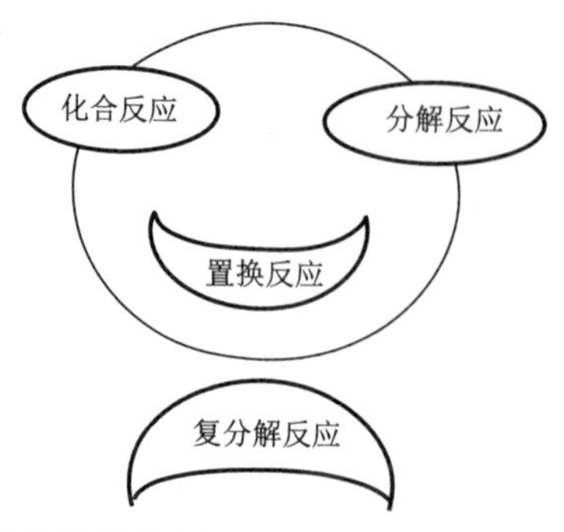

图 7-21　氧化还原反应与 4 种基本反应类型关系教学板书

结束语

经过两年的努力，本研究虽然取得了一定的成绩，但也存在一些问题。这些问题在下一阶段需要深化研究，大力完善。

一是参与调研的师生人数有限，研究样本不足，尤其是后测数据。受高考化学选课人数所限，我校化学选课人数大幅减少。后测数据在本课题研究的基础上，受到其他因素的影响。另外，本课题调查没有对问卷的信度和效度进行测试和调整，所以本课题研究在更广范围内的适用度还需要提升完善。

二是在课题研究过程中，山东省高中化学教材进行了改编。所以本课题中教材方面的研究兼顾了新旧两个版本的内容。但是，新教材中的部分调整内容，正好与本课题研究成果不谋而合，例如，“硫的转化”一节中关于自然界中硫元素的转化过程，新教材中对原有的图配文本进行了修改。这也体现出了本研究的意义和价值。后期山东省统一使用新教材，所以课题研究内容中教材部分的研究应当以新教材为主。

三是受理论水平和研究能力所限，课题研究的创新程度不够高，未能取得重大的突破性研究成果。本研究实施和总结的教学策略，受研究时间所限，尽管目前已经取得了良好的验证成果，但还需要更长时间、更广范围的教学实践以进一步验证和完善。

“路漫漫其修远兮，吾将上下而求索。”本课题研究虽然已经告一段落，我们的教育教学研究之路却没有结束。总结研究的现状，展望化学学科的非连续性文本的研究，笔者期待在以下两方面实现突破。

一是非连续性文本研究的系统化。这是目前相关研究的不足之处。非连续性文本研究的系统化体现在以下几个方面：非连续性文本的研究与化学学科课程知识体系的建构需要系统化，目前这方面研究处在零碎的资料收集和补充阶段；对非连续性文本教学评价的研究需要系统化，目前这方面的评价只是局限于考试测评；非连续性文本的教学需落实到各个学段，新课标中将非连续性文本的要求放在第4学段，目前研究者也大多将重点放在小学学段。

二是非连续性文本研究的专业化。目前亟须将心理学、统计学等学科的支撑理论、指导技术应用于非连续性文本系统的研究，包括文本的复杂程度、阅读方法指导及其他主观因素分析，在此基础上统计、梳理出非连续性文本在教材、试题等载体中的编制，总结出非连续性文本阅读能力、应用能力的影响因素，提升阅读者非连续性文本的表达和创作水平。

参考文献

[1] Schleicher A. Seeing education through the prism of PISA[J]. *European Journal of Education*, 2017, *52*(2): 23-27.

[2] Francis & Dwyer. *The Relative Effectiveness of Varied Visual Illustrations in Complementing Programed Instruction*[M].London: Routledge, 2015.

[3] Jill H. Larkin & Herbert A. Simon.Why a diagram is (sometimes) worth ten thousand words[J]. *Cognitive Science*, 1987(11): 16-19.

[4] Tatay L. et al. The reading literacy test for secondary education[J]. *Psicothema*, 2011, *23*(4): 2-6.

[5] Pearson P. David & Gallagher Margaret C. *The Instruction of Reading Comprehension*[M]. Pittsburgh: Academic Press, 1983.

[6] Richard E. Mayer & Roxana Moreno. Nine ways to reduce cognitive load in multimedia learning[J]. *Educational Psychologist*, 2003, *38*(1): 200-227.

[7] Walter Pauk. *The Study Skills Corner-textbook Systems: Carrying a Good Thing too far*[M]. London: Routledge, 1974.

[8] [美] 埃德加•戴尔. 视听教学法之理论 [M]. 杜维涛，译. 上海：中华书局，1949.

[9] [苏] 别尔良特. 地图——地理学的第二语言 [M]. 李建新，侯存治，译. 北京：中国地图出版社，1991.

[10] [美] 霍华德•加德纳，李茵. 谁拥有智力？[J]. 北京大学教育评论，2004(1): 63-70.

[11] [美] 加涅. 教学设计原理 [M]. 李维，王小明，译. 上海：华东师范大学出版社，2000.

[12] [美] 莱恩•斯佩里. 心理咨询的伦理与实践 [M]. 侯志瑾，译. 北京：中国人民大学出版社，2012.

[13] [苏]列夫•谢苗诺维奇•维果茨基. 思维与语言[M]. 李维，译. 北京：北京大学出版社，2010.

[14] [瑞士]让•皮亚杰. 教育科学与儿童心理学[M]. 杜一雄，钱心婷，译. 北京：教育科学出版社，2018.

[15] [日]中村光伴. 非連続型テキストを含む文章の読解過程[C]. 熊本：熊本学園大学論集，2009.

[16] 毕华林，刘冰. 化学教科书的功能与结构[J]. 化学教育，2001(12)：5-8，12.

[17] 巢宗祺. 义务教育语文课程标准修订概况（上）[J]. 课程•教材•教法，2012，32(3)：45-49.

[18] 冯渊. PISA 非连续性文本阅读题对中高考同类试题设计的启示[J]. 考试研究，2013(6)：9-16.

[19] 江家华. 高中生非连续性文本阅读能力的提升探索[J]. 淮阴师范学院学报：自然科学版，2015，14(2)：176-183.

[20] 教育部考试中心. 普通高等学校招生全国统一考试大纲（理科）[M]. 北京：高等教育出版社，2018.

[21] 刘冬岩. 非连续性文本的涵义及特征[J]. 新教师，2012(9)：26-28.

[22] 陆志平. 关于非连续性文本问题的思考[J]. 语文教学通讯，2013(15)：11-12.

[23] 罗刚淮. 浅谈非连续性文本阅读指导的几个结合[J]. 基础教育课程，2014(23)：56-57.

[24] 沈春英. 高三学生非连续性文本型化学图表认知能力的研究[D]. 上海：华东师范大学，2013.

[25] 涂剑. 非连续性文本的阅读教学策略探究——基于北师大版高中英语第一单元 Life Styles Lesson 1 A Perfect Day 的分析[J]. 文理导航（上旬），2017(10)：42-43.

[26] 王思瑶. 论“非连续性文本”的特质与教学策略[J]. 考试周刊，2018(5)：31-32.

[27] 卫士会. 注意转换下定向遗忘项目学习的图优效应研究[D]. 保定：河北大学，2016.

[28] 相跃. “支架式”教学模式在小学英语非连续性文本阅读中的应用——以北师大版《先锋英语》阅读内容为例[J]. 中国教师，2014(19)：60-62.

[29] 徐静．“综合同构”：非连续性文本阅读教学策略[J]．江苏教育，2017(43)：32-33.

[30] 杨园．非连续性文本使用现状与教学探讨[D]．武汉：华中师范大学，2017.

[31] 雍殷梅．非连续性文本特征及其阅读策略研究[D]．赣州：赣南师范学院，2014.

[32] 张年东，荣维东．从 PISA 测试看课标中的非连续性文本阅读[J]．语文建设，2013(13)：23-27.

[33] 张舒予．现代教育技术学[M]．合肥：安徽人民出版社，2003.

[34] 中华人民共和国教育部．普通高中化学课程标准[M]．2017 年版．北京：人民教育出版社，2018.

[35] 周洪涛．语文非连续性文本阅读教学策略探析[J]．成才之路，2017(35)：87.

[36] 周新霞．挖掘 设计 整合——非连续性文本有效教学策略寻绎[J]．江苏教育，2012(34)：23-25.

附录1　教师调查问卷

化学图表类非连续性文本在高中教学中使用现状调查

亲爱的老师：

您好。为了了解现在青岛市高中化学图表类非连续性文本教学的相关情况，我们特别邀请您参加本次的问卷调查。本问卷的答案没有对错之分，也不计分，您的信息和回答会绝对保密。调查得到的结果只用于进行教学研究。我们保证在任何场合下，绝对不对您做任何形式的评价。所以请您根据自己的真实情况放心作答。您只需要在符合个人真实情况的选项上打对勾或填写即可，除了特别标注的不定项选题，其余题目都是单选题。感谢您为我们提供宝贵的信息与意见。

问卷说明：

连续性文本是指由句子、段落组成的文本，如一段话、一篇文章。连续性文本语意连贯，一般按照从左到右的顺序来阅读。我们平时学习的散文、小说、诗歌以及化学教材中的说明性文字等都是连续性文本。

非连续性文本是指由线条、符号、表格、图画和少量文字组成的文本。常见的非连续性文本有目录、插图、图表、地图，还有图文结合的材料及多文本组合的材料，如化学药品的说明标签及新闻主标题和副标题。

1. 您的教龄是多少年？

A. 1～6年

B. 7～12年

C. 13～18年

D. 19～24年

E. 25年以上

2. 您的学历或者学位是什么？

A. 专科

B. 本科或者学士

C. 研究生或者硕士

D. 研究生或者博士

3. 在此之前,您对“非连续性文本”这个概念的了解程度如何呢?

A. 非常了解

B. 比较了解

C. 听说过,但不了解

D. 完全不了解

4. 阅读了问卷说明后,您认为以下哪些属于非连续性文本?(不定项选)

A. 课程表

B. 漫画

C. 剧本《雷雨》

D. 药品说明书

E. 著作《红楼梦》

F. 广告

5. 在高中化学中,您认为以下哪些属于非连续性文本?(不定项选)

A. 科学家肖像图

B. 实验数据记录表

C. 推断题的框图

D. 思维导图

E. 元素周期表

F. 化学实验装置图

6. 在化学学科的教学中,您更喜欢使用哪类文本?

A. 连续性文本

B. 非连续性文本

C. 混合文本(连续性文本 + 非连续性文本)

7. 在化学学科的教学中,您用到的图表类的非连续性文本主要来源于什么?

A. 教材

B. 试题

C. 网络

D. 周边生活环境

E. 其他

8. 您在教学中是否注意并且运用到教材中的图表类的非连续性文本?

A. 注意并有效利用过

B. 注意但是没有运用过

C. 基本不注意

9. 在化学检测试题中，您认为图表类非连续性文本所占的比重有多少？

A. 全部

B. 一大半

C. 一半

D. 一小半

E. 没有

10. 在化学考试中，您的学生在图表类非连续性文本题目上的平均得分情况怎么样？

A. 满分

B. 一大半

C. 一半

D. 一小半

E. 零分

11. 和传统的连续性文本相比，您觉得自己的学生擅长阅读化学学科中图表类的非连续性文本的材料吗？

A. 非常擅长

B. 比较擅长

C. 不太擅长

D. 完全不擅长

E. 不确定

12. 您认为学生阅读非连续性文本的最大收获是什么？（不定项选）

A. 提高阅读兴趣，提升阅读能力

B. 应付考试，提高成绩

C. 增长见识

D. 娱乐消遣

E. 转变思维方式

F. 其他

13. 您认为阅读化学图表类非连续性文本的材料时，学生遇到的最大困难是什么？（不定项选）

A. 思维混乱，不知从哪儿下手

B. 看不懂意思

C. 信息太多,不知道怎么整合

D. 答案不完整

E. 陌生情境,心里慌张

F. 其他情况

14. 您喜欢在教学时采用图画、图表等方式吗?

A. 非常喜欢

B. 比较喜欢

C. 没感觉

D. 不喜欢

15. 在化学教学中,您会尝试着把化学文字知识改编成表格、图画的形式进行呈现吗?

A. 经常这样做

B. 有,但很少

C. 没有

16. 在化学课堂上,您经常针对哪种类型的非连续性文本的阅读指导学生?(不定项选)

A. 图片

B. 数据表格

C. 图像(如折线图)

D. 图文结合

E. 其他

F. 完全没有

G. 不清楚

17. 在哪种课型中,您会使用非连续性文本帮助课堂教学?(不定项选)

A. 新授课

B. 复习课

C. 习题课

D. 试卷讲评课

E. 实验课

F. 其他

18. 为了更好地学会和应用化学图表类非连续性文本,您觉得以下哪些方式对学生更有帮助？

A. 教材多增加图表类非连续性文本

B. 教师指导阅读训练

C. 学生自己通过查阅资料、求助网络等方式多学习

D. 激发兴趣，将化学与生活多结合

E. 多训练图表类非连续性文本的习题

F. 其他

附录 2　学生调查问卷

化学图表类非连续性文本在高中学习中使用现状调查

亲爱的同学：

你好。为了了解现在青岛市高中化学图表类非连续性文本学习的相关情况，我们特别邀请你参加本次问卷调查。本问卷的答案没有对错之分，也不计分，你的信息和回答会绝对保密。调查得到的结果只用于进行教学研究。我们保证在任何场合下，绝对不对你做任何形式的评价。所以请你根据自己的真实情况放心作答。你只需要在符合个人真实情况的选项上打对勾或填写即可。除了特别标注的不定项选题，其余题目都是单选题。感谢你为我们提供宝贵的信息与意见。

问卷说明：

连续性文本是指由句子、段落组成的文本，如一段话、一篇文章。连续性文本语意连贯，一般按照从左到右的顺序来阅读。我们平时学习的散文、小说、诗歌以及化学教材中的说明性文字等都是连续性文本。

非连续性文本是指由线条、符号、表格、图画和少量文字组成的文本。常见的非连续性文本有目录、插图、图表、地图，还有图文结合的材料及多文本组合的材料，如化学药品的说明标签及新闻主标题和副标题。

1. 你的性别是什么？

A. 男

B. 女

2. 你所在年级是什么？

A. 高一

B. 高二

C. 高三

3. 在此之前，你对“非连续性文本”这个概念的了解程度如何呢？

A. 非常了解

B. 比较了解

C. 听说过，但不了解

D. 完全不了解

4. 阅读了问卷说明后，你认为以下哪些属于非连续性文本？（不定项选）

A. 课程表

B. 漫画

C. 剧本《雷雨》

D. 药品说明书

E. 著作《红楼梦》

F. 广告

5. 在高中化学中，你认为以下哪些属于非连续性文本？（不定项选）

A. 科学家肖像图

B. 实验数据记录表

C. 推断题的框图

D. 思维导图

E. 元素周期表

F. 化学实验装置图

6. 在化学学科的学习中，你更喜欢阅读哪类文本？

A. 连续性文本

B. 非连续性文本

C. 混合文本（连续性文本 + 非连续性文本）

7. 在化学学科中，你接触到的图表类的非连续性文本主要来源于什么？

A. 教材

B. 试题

C. 网络

D. 周边生活环境

E. 其他

8. 你在学习中是否注意并且运用到教材中的图表类的非连续性文本？

A. 注意并有效利用过

B. 注意但是没有运用过

C. 基本不注意

9. 在化学检测试题中，你认为图表类非连续性文本所占的比重有多少？

A. 全部

B. 一大半

C. 一半

D. 一小半

E. 没有

10. 在化学考试中,你在图表类非连续性文本题目上的得分情况怎么样?

A. 满分

B. 一大半

C. 一半

D. 一小半

E. 零分

11. 和传统的连续性文本相比,你觉得自己擅长阅读化学学科中图表类的非连续性文本的材料吗?

A. 非常擅长

B. 比较擅长

C. 不太擅长

D. 完全不擅长

E. 不确定

12. 你认为阅读非连续性文本的最大收获是什么?(不定项选)

A. 提高阅读兴趣,提升阅读能力

B. 应付考试,提高成绩

C. 增长见识

D. 娱乐消遣

E. 转变思维方式

F. 其他

13. 阅读化学图表类非连续性文本的材料时,你遇到的困难是什么?(不定项选)

A. 思维混乱,不知从哪儿下手

B. 看不懂意思

C. 信息太多,不知道怎么整合

D. 答案不完整

E. 陌生情境,心里慌张

F. 其他情况

14. 你喜欢老师在讲课时采用图画、图表等方式吗?

A. 非常喜欢

B. 比较喜欢

C. 没感觉

D. 不喜欢

15. 在化学学习中，你会尝试着把化学文字知识改编成表格、图画的形式进行呈现吗？

A. 经常这样做

B. 有，但很少

C. 没有

16. 在化学课堂上，老师经常对哪种类型的非连续性文本的阅读进行指导？（不定项选）

A. 图片

B. 数据表格

C. 图像（如折线图）

D. 图文结合

E. 其他

F. 完全没有

G. 不清楚

17. 在哪种课型中，化学老师会使用非连续性文本帮助课堂教学？（不定项选）

A. 新授课

B. 复习课

C. 习题课

D. 试卷讲评课

E. 实验课

F. 其他

18. 为了更好地学会和应用化学图表类非连续性文本，你觉得以下哪些方式更有帮助？（不定项选）

A. 教材多增加图表类非连续性文本

B. 教师指导阅读训练

C. 学生自己通过查阅资料、求助网络等方式多学习

D. 激发兴趣，将化学与生活多结合

E. 多训练图表类非连续性文本的习题

F. 其他